AF611858

INVENTAIRE
V17176

V

THÈSES

DE

MÉCANIQUE ET D'ASTRONOMIE

PRÉSENTÉES

A LA FACULTÉ DES SCIENCES DE PARIS,

Le 11 juillet 1843,

PAR C. ROLLIER,

Ancien élève de l'École normale, agrégé pour les classes des sciences,
chargé du cours d'astronomie et de mécanique à la Faculté
des sciences de Bordeaux.

ACADÉMIE DE PARIS.

FACULTÉ DES SCIENCES.

MM. DUMAS, doyen, BIOT, FRANCOEUR, GEOFFROY SAINT-HILAIRE, MIRBEL, POUILLET, PONCELET, LIBRI, STURM, DELAFOSSE, N.....,	professeurs.
DE BLAINVILLE, CONSTANT PREVOST, AUGUSTE SAINT-HILAIRE, DESPRETZ, BALARD,	professeurs-adjoints.
LEFÉBURE DE FOURCY, DUHAMEL, VIEILLE, MASSON, PÉLIGOT, MILNE EDWARDS, DE JUSSIEU,	agrégés.
BLANCHET,	suppléant.

THÈSE

DE MÉCANIQUE.

Sur la figure permanente d'une masse fluide homogène, animée d'un mouvement de rotation uniforme autour d'un axe passant par son centre de gravité, et abandonnée à l'attraction newtonienne de ses parties. En particulier, sur les figures elliptiques à 3 axes inégaux ou de révolution qui peuvent convenir à l'équilibre de cette masse.

PROGRAMME.

N° 1. Énoncé de la condition nécessaire et suffisante que doit toujours remplir la résultante des forces qui animent chaque molécule de la surface d'équilibre et expression analytique de cette condition, ou équation générale de la figure permanente.

N° 2, 3. Transformation de cette expression dans le cas d'un sphéroïde très-peu différent de la sphère.

N° 4, 5. Calcul du rayon du sphéroïde qui convient à l'équilibre.

La forme permanente est unique, et elle coïncide avec un ellipsoïde de révolution autour de l'axe de rotation dont l'aplatissement dépend de la vitesse. C'est une sphère quand la masse est en repos.

Quand la masse est en outre sollicitée par des forces étrangères à l'action attractive de ses parties, la figure d'équilibre est aussi unique.

N° 6. Transformation de la condition d'équilibre dans le cas où l'on suppose à priori la masse terminée par une surface elliptique à trois axes inégaux, ou calcul des composantes de la force accélératrice qui sollicite chaque particule de cette surface par suite de l'attraction newtonienne de toutes les parties du fluide qu'elle recouvre.

1843

N° 7. En exprimant que cette équation différentielle (qui est celle de la figure permanente) coïncide avec l'équation différentielle de l'ellipsoïde, on obtient, entre la vitesse actuelle v de rotation et les carrés t, s, des rapports inverses de deux axes de l'équateur au troisième, deux conditions remarquables; et toute la question consiste à rechercher quels systèmes de valeurs elles déterminent pour les trois variables. — Premières conséquences.

N° 8. *Pour traiter la question de la manière la plus générale et la plus complète, on considère une masse fluide sollicitée primitivement par des forces quelconques et ensuite abandonnée à la vitesse acquise et à l'attraction de toutes ses parties, et au lieu de la vitesse v, on prend pour élément de la question le moment maximum constant μ des forces primitives par rapport à l'axe qui est devenu l'axe permanent de rotation.*

Nouvelles formes que prennent alors les deux conditions fondamentales.

N° 9. *Pour savoir si à chaque système des forces primitives il correspond toujours un ellipsoïde à 3 axes inégaux, et dans le cas où μ ou sa fonction Q devrait avoir des limites, si, pour chacune des valeurs qu'elles comprennent, l'équilibre peut exister avec une ou plusieurs figure de ce genres, il faut comparer les valeurs correspondantes de* ds, dt, dQ.

N° 10. t *croît quand* s *décroît et inversement. — Conséquences très-remarquables. — Il y a deux séries de figures elliptiques à 3 axes.*

N° 11, 12 et 13. Q *ou μ croît ou décroît à mesure que* s *croît, selon que l'on a* s>t *ou* s<t.

Conséquences nombreuses et importantes sur l'amplitude des variations de Q, *sur la manière dont la forme permanente unique passe par altérations successives continues et lentes depuis l'ellipsoïde de révolution jusqu'à un cylindre circulaire droit dont la base contient l'axe de rotation et est infiniment étroite relativement à l'axe du corps, sur le mode de variation simultanée de 3 axes de l'ellipsoïde et sur leur détermination numérique pour chaque forme d'équilibre quand la masse du corps est connue....* etc.

N° 14. *Détermination numérique des éléments qui appartiennent à l'ellipsoïde de révolution, limite de la série de figures elliptiques à 3 axes que l'on vient d'obtenir pour l'équilibre.*

N° 16, 17. On substitue à l'élément μ la vitesse actuelle de rotation et on obtient les conséquences énoncées dans le mémoire de M. Meyer et qui sont toutes comprises dans les précédentes.

N° 18. On examine le cas où l'ellipsoïde donné est de révolution. Il n'y a plus entre la vitesse actuelle v et le rapport s qu'une seule équation que l'on discute en regardant v comme l'élément donné.

N° 19, 20. Conséquences. — Il y a pour chaque valeur de v deux ellipsoïdes de révolution; pour l'un l'excentricité est plus grande qu'une certaine limite, pour l'autre elle est plus petite, et ces deux séries s'altèrent successivement jusqu'à se confondre en une seule figure. . . . . etc.

Mode, variation et détermination numérique des deux axes au moyen de la masse. Examen du cas où v est très-petit.

N° 21, 22. Remarque importante sur le cas où la vitesse donnée primitivement surpasse la limite qu'on vient d'assigner.

On se donne pour élément constant le moment maximum des quantités de mouvement primitives, et la discussion établit que pour chaque système de forces primitives il n'y a qu'une figure d'équilibre, mais qu'il y en a toujours une.

N° 23. Enoncés des principaux théorèmes établis dans cette thèse.

N° 24. Examen du cas limite où la masse donnée est en repos.

On trouve trois formes qui peuvent convenir à l'équilibre.

Application au système du monde.

1. Lorsqu'une masse fluide animée d'un mouvement de rotation autour d'un axe est arrivée à un état permanent, il y a entre la pression moléculaire en chaque point, c'est-à-dire entre la distance actuelle de chaque particule aux voisines, et toutes les forces qui agissent sur elle certaines relations qui doivent toujours être vérifiées et qui sont suffisantes pour que l'équilibre se maintienne. Ces conditions peuvent s'énoncer ainsi : 1° la direction de la résultante de toutes les forces qui agissent en chaque point de la surface extérieure doit être normale à cette surface; 2° dans l'intérieur de la masse les directions de cette résultante doivent être perpendiculaires aux surfaces des couches de même densité.

Si la masse est homogène on peut prendre telles couches que l'on veut pour celles de densité constante, et la seconde des deux conditions qui précèdent est satisfaite d'elle-même ; ainsi, pour l'équilibre d'une masse homogène il faut et il suffit, que *la résultante de toutes les forces qui animent chaque molécule de la surface extérieure soit normale à cette surface.*

En désignant par R', R'', R'''.... les diverses forces qui agissent sur une même particule quelconque de la surface et par dr', dr'', dr'''.... les éléments de leurs directions, l'expression analytique de cette condition s'écrit :

$$0 = R'dr' + R''dr'' + R'''dr''' + \text{etc.}$$

ou

$$\int (R'dr' + R''dr'' + R'''dr''' + \ldots) = \text{constante}.$$

Dans tout ce qui va suivre les forces R', R''... sont supposées provenir de deux sources; l'attraction de toutes les particules du corps s'exerçant proportionnellement à leurs masses et en raison inverse du carré de leurs distances à la particule attirée, et la force centrifuge qui naît du mouvement de rotation.

2. Pour avoir la partie de l'intégrale qui est relative au premier groupe, nommons dm une molécule quelconque de la masse, et r' sa distance à la molécule de la surface qui est attirée; son action sur cette dernière sera $\frac{fdm}{r'^2}$, f étant le coefficient constant de l'attraction, c'est-à-dire l'attraction exercée à une distance égale à l'unité linéaire entre deux masses égales dont l'une est prise pour l'unité de ces grandeurs, et on aura pour la partie correspondante de l'intégrale,

$$\int -\frac{fdm}{r'^2}\, dr' = \frac{fdm}{r'}.$$

Ainsi la partie totale de l'intégrale qui sera fournie par le premier groupe de forces est égale au produit de f par la somme V de toutes les molécules divisées par leurs distances respectives à celle qui est attirée.

Lorsque la masse est un sphéroïde peu différent de la sphère on peut donner au produit fV une forme très-remarquable.

Concevons par le centre de gravité O du corps, trois axes coordonnés rectangulaires, celui des z étant dirigé selon l'axe de rotation, et joignons ce centre à un point M quelconque de la surface; le rayon OM dépendra de l'angle $Moz = \theta$ et aussi de l'angle azimuthal ψ compris entre zoM, et un plan fixe, par exemple celui des ZX, et si Y désigne une fonction de ces deux variables ou plutôt de $\cos\theta = \mu$ et de ψ, a une constante et α un coefficient assez petit pour qu'on puisse négliger son carré, l'expression générale du rayon OM sera $r = a(1 + \alpha Y)$... $Y = f(\mu, \psi)$.

Actuellement par l'extrémité M de ce rayon, menons dans l'intérieur une droite dans une direction quelconque définie par l'angle q de sa projection avec OM et par l'angle p qu'elle forme avec une droite perpendiculaire en M au plan azimuthal, et arrêtons-la à une molécule M_1, telle que $MM_1 = u$.

Pour l'élément dm de la masse prise en M_1 on aura

$$dm = u^2 du dq dp \sin p,$$

et par suite

$$V = \iiint u du dq dp \sin p = \frac{1}{2}\int_0^{\pi} dp \int_{-\frac{1}{2}\pi}^{+\frac{1}{2}\pi} dq . u'^2 \sin p,$$

u' étant ce que devient u pour le point M' de la surface qui appartient à la droite MM_1. Cette fonction de p et q se calcule sans peine au moyen du triangle OMM'; car $OM' = a(1 + \alpha Y')$... $Y' = f(\mu', \psi')$ μ' et ψ' étant les valeurs des variables μ et ψ pour le point de sortie, et de plus $\cos OMM' = \sin p \cos q$, ainsi on a :

$$a^2(1 + \alpha Y')^2 = u'^2 - 2au'(1 + \alpha Y)\sin p \cos q + a^2(1 + \alpha Y)^2.$$

Cette équation fournit deux valeurs pour u', mais l'une d'elles renfermant α à tous ses termes, doit être mise de côté, puisque u' n'entre qu'au carré dans la valeur de V ; l'autre conduit à

$$u'^2 = 4a^2 \sin^2 p \cos^2 q (1 + 2\alpha Y) + 4a^2\alpha(Y' - Y).$$

Et ensuite

$$V = 2a^2 \int_0^\pi \int_{-\frac{1}{2}\pi}^{+\frac{1}{2}\pi} dp dq \sin p\,[\sin^2 p \cos^2 q\,(1+2\alpha Y) + \alpha(Y'-Y)],$$

$$V = 2a^2 \left[\int_0^\pi \int_{-\frac{1}{2}\pi}^{+\frac{1}{2}\pi} dp \sin^3 p dq \cos^2 q + 2\alpha Y \int\int dp \sin^3 p dq \cos^2 q - \alpha Y \int\int dp \sin p dq \right]$$
$$+ 2a^2\alpha \int_0^\pi \int_{-\frac{1}{2}\pi}^{+\frac{1}{2}\pi} Y' \sin p dp dq.$$

Les 3 premières intégrales se calculent sans peine, et V se réduit à

$$V = \frac{4}{3}\pi a^2 - \frac{4}{3}\pi a^2 \alpha Y + 2a^2\alpha \int_0^\pi dp \int_{-\frac{1}{2}\pi}^{+\frac{1}{2}\pi} dq Y' \sin p.$$

Y' dépend implicitement de p et q, car θ' ou μ' dépend de ces deux variables, et ψ seulement de la première. Pour avoir la relation qui lie μ' à μ, soit P la projection de M′ sur oM, et écrivons que la projection de OM′ sur l'axe oZ est égale à celle de la ligne brisée oP + PM′, il vient :

$$a\,(1+\alpha Y')\cos\theta' = [a(1+\alpha Y) - u'\sin p\cos q]\cos\theta + u'\sin p\sin q\sin\theta.$$

Dans la valeur de $\cos\theta'$ on peut négliger les termes du premier ordre en α, puisque déjà Y' est multiplié par ce coefficient ; ainsi, après la substitution de $u' = 2a\sin p\cos q$, on peut réduire cette relation à

$$\mu' = (1 - 2\sin^2 p\cos^2 q)\cos\theta + 2\sin^2 p\sin q\cos q\sin\theta$$
$$= \{1 - \sin^2 p\,(1+\cos 2q)\}\cos\theta + \sin^2 p\sin 2q\,.\sin\theta = \mu\cos^2 p - \sin^2 p\cos(2q+\theta).$$

Comme $\cos(2q+\theta)$ prend des valeurs égales quand q varie depuis $2q = -\pi$ à $2q = -\theta$ et ensuite de $2q = \pi$ à $2q = 2\pi - \theta$, et que q n'entre dans Y' que par μ', au lieu de prendre dans V l'intégrale en q depuis $2q = -\pi$ à $2q = \pi$, on pourra l'étendre aux limites $2q = -\theta$, $2q = 2\pi - \theta$, ou bien $2q + \theta = 0$ et $2q + \theta = 2\pi$; ainsi soit $2\,q + \theta = q'$, on aura :

$$\mu' = \mu\cos^2 p - \sin^2 p\cos q' \ldots\ V = \frac{4}{3}\pi a^2 - \frac{4}{3}\pi a^2\alpha Y + a^2\alpha \int_0^\pi dp \int_0^{2\pi} dq' Y' \sin p.$$

3. Pour calculer la partie de l'intégrale

$$\int (R' dr' + R'' dr'' + \ldots),$$

qui se rapporte à la force centrifuge, désignons par g cette force à une distance de l'axe égale à un, et par x, y, z, les trois coordonnées rectangles du point M; sur la particule M, cette force sera $g\sqrt{x^2+y^2}$ et ses composantes parallèles à OX et OY, gx, gy; la partie de l'intégrale qui en provient pourra s'écrire :

$$\int g(xdx+ydy)=\frac{g}{2}(x^2+y^2).$$

Mais dans le système de coordonnées polaires que nous avons employé, on a :

$$z=r\mu,\quad x=r\sqrt{1-\mu^2}\cos\psi,\quad y=r\sqrt{1-\mu^2}\sin\psi,\quad \text{et}\quad \frac{1}{2}g(x^2+y^2)=\frac{1}{2}g(1-\mu^2)r^2.$$

Ainsi l'équation unique de l'équilibre permanent du sphéroide s'écrit :

$$\text{constante}=\text{A}=\frac{4}{3}\pi f a^2(1-\alpha\text{Y})+\frac{1}{2}gr^2(1-\mu^2)+a^2\alpha\int_0^\pi dp\int_0^{2\pi}dq'.\text{Y}'.\sin p.$$

On peut négliger le produit de α par g, car cette force doit être fort petite pour que la figure s'écarte peu de la sphère. Ainsi $a^2=r^2$, et on aura pour la condition générale de l'équilibre

$$\frac{4}{3}\pi\text{Y}-\int_0^\pi\int_0^{2\pi}\text{Y}'\sin p\,dp\,dq'=\text{C}+\frac{g}{2\alpha f}(1-\mu^2).\qquad (c)$$

La figure du sphéroïde qui convient à l'équilibre sera connue lorsque l'on aura la forme de la fonction Y qui vérifie cette équation, c'est-à-dire la fonction de μ et ψ qui exprime r.

Or on sait déjà que l'équilibre de la masse est possible avec une forme elliptique de révolution; ainsi $\text{Y}=\text{B}+\text{B}'\mu^2$ sera une solution particulière de (c) quand on aura déterminé B et B'. Si on porte cette valeur de Y dans (c), on trouve une identité quand on a posé d'avance :

$$\text{B}=\frac{3g}{16\alpha\pi f}-\frac{3\text{C}}{8\pi},\qquad \text{B}'=-\frac{15}{16}\cdot\frac{g}{\alpha\pi f}.$$

Actuellement la valeur de Y pourra s'écrire :

$$\text{Y}=\frac{3}{16}\,\frac{g}{\alpha\pi f}-\frac{3}{8}\,\frac{\text{C}}{\pi}-\frac{15}{16}\,\frac{g}{\alpha\pi f}\cdot\mu^2+\text{Z},$$

Z étant une fonction inconnue de μ et ψ qu'il faut déterminer par la condition d'être toujours finie, et de vérifier ce que devient l'équation (c) quand on y porte cette valeur de Y, c'est-à-dire

$$\frac{4}{3}\pi Z - \int_0^{\pi}\int_0^{2\pi} Z' \sin p dp dq' = 0, \qquad (C')$$

dans laquelle Z′ est composé en μ', ψ' comme Z l'est en μ, ψ.

4. Si on suppose d'abord que le sphéroïde est de révolution, Z ne dépendra plus que de μ, et on démontrera comme M. Liouville, *dans le second volume de son journal, page* 216 *et suiv.*, que l'équation (c') ne peut être vérifiée que par Z=0. Ainsi pour tous les sphéroïdes de révolution peu différents de la sphère, toutes les formes possibles d'équilibre sont définies par l'expression générale du rayon :

$$r = a\left(1 + \frac{3}{16}\frac{g}{\pi f} - \frac{3}{8}\frac{\alpha C}{\pi} - \frac{15}{16}\frac{g}{\pi f}\cdot\mu^2\right).$$

L'origine est au centre de gravité du sphéroïde. Si nous appelons $2a$ la longueur de l'axe de révolution, r se réduira à a pour $\mu = \pm 1$ ou $\mu^2 = 1$, et on aura :

$$1 + \frac{3}{16}\frac{g}{\pi f} - \frac{3}{8}\frac{\alpha C}{\pi} = 1 + \frac{15}{16}\frac{g}{\pi f}, \qquad r = a\left\{1 + \frac{15}{16}\frac{g}{\pi f}(1-\mu^2)\right\}.$$

Cette dernière équation est celle d'un ellipsoïde de révolution, de sorte que parmi tous les sphéroïdes de révolution, peu différents de la sphère, *un seul* peut convenir à l'équilibre d'une masse fluide homogène abandonnée à l'attraction newtonienne de ses parties, et animée d'un mouvement de rotation uniforme autour d'un axe qui passe par son centre de gravité. Cette forme permanente unique est un ellipsoïde de révolution autour de cet axe, et il se réduit à une sphère quand g est nul. Ainsi, parmi toutes les figures de révolution très-peu différentes de la sphère, cette dernière est la forme unique qui puisse convenir à l'équilibre d'une masse fluide homogène en repos, c'est-à-dire dont toutes les particules obéissent seulement à la loi de l'attraction proportionnelle à la masse, et en raison inverse du carré des distances.

5. En partant de cette dernière conséquence, on prouve très-simplement comme Laplace, dans la *Mécanique céleste*, (tome II, page 76), que, si on considère généralement une masse fluide homogène sollicitée par l'attraction de ses parties, et, en outre, par des forces étrangères quelconques, et seulement assez petites pour que la figure ne s'écarte de la sphère que de quantités de l'ordre α^2, il n'existe encore qu'une *seule figure d'équilibre pour chaque système de ces*

forces; ce qui conduit à cette conséquence générale très-remarquable : si la masse est simplement abandonnée à l'attraction newtonienne de ses parties, et si elle diffère peu de la sphère, *qu'elle soit de révolution ou non,* l'ellipsoïde défini par la valeur de r du n° précédent, sera encore la *seule forme permanente qui puisse lui convenir;* et si la vitesse de rotation est nulle, la figure d'équilibre ne pourra également *être que la sphère.*

J'arrive à la question qui doit plus spécialement m'occuper.

Des figures elliptiques de révolution ou à trois axes inégaux qui peuvent convenir à l'équilibre de la masse.

6. Lorsqu'on se donne hypothétiquement la figure de la masse fluide, il est facile de s'assurer si elle convient à l'état permanent d'équilibre; il suffit d'examiner si son équation différentielle peut coïncider avec celle que nous avons obtenue au n° 1 en égalant à zéro la différentielle de la pression. Cette recherche dans le cas des figures elliptiques, conduit à des théorèmes remarquables, soit que l'on attribue à la vitesse constante de rotation une valeur hypothétique qui doit rester entre certaines limites, ou bien que l'on considère une masse mise à l'origine en mouvement par l'action d'un système quelconque de forces comme cela a eu lieu dans la nature.

En prenant pour l'unité linéaire le demi-axe de l'ellipsoïde dirigé selon la ligne des coordonnées z, c'est-à-dire selon l'axe de rotation, et a^2, b^2 pour les carrés des rapports de chacun des deux autres à celui-là, on a pour l'équation de cette figure $\frac{x^2}{a^2}+\frac{y^2}{b^2}+z^2=1$, ou encore si on fait $\frac{1}{a^2}=s$, $\frac{1}{b^2}=t$, $sx^2+ty^2+z^2=1$, dont l'équation différentielle sera :

$$2sxdx+2\psi ydy+2zdz=0. \qquad (1)$$

Si v est la vitesse contante de rotation à l'unité de distance de l'axe, x, y, z, les cordonnées d'un point quelconque, M, de la surface de la masse en mouvement autour de l'axe des z, et X, Y, Z, les fonctions de ces coordonnées qui expriment la somme des composants parallèles à chacun de ces axes des forces accélératrices qui sollicitent la particule par suite de l'attraction newtonienne de toutes les parties qu'elle recouvre, il faudra pour l'équilibre qu'on ait entre ces coordonnées d'un point quelconque de la surface

$$Xdx+Ydy+Zdz+v^2(xdx+ydy)=0. \qquad (2)$$

Pour déterminer X, Y, Z prenons dans l'intérieur de la masse un point M' (x', y', z') et concevons autour un volume infiniment petit dv' dont la masse sera $dm' = \rho\, dv'$, si ρ exprime la densité constante du fluide ; soit en outre f le coefficient d'attraction et r' la distance $MM' = \sqrt{(x'-x)^2 + (y'-y)^2 + (z'-z)^2}$, la force attractive exercée par M' sur M sera $\frac{f\rho dv'}{r'^2}$, les cosinus de trois angles θ, θ', θ'', que fait MM' avec oX, oY, oZ seront $\frac{x'-x}{r'}$, $\frac{y'-y}{r'}$, $\frac{z'-z}{r'}$, et les trois composantes de la force précédente

$$\frac{f\rho\,(x'-x)\,dv}{r'^3}; \quad \frac{f\rho\,(y'-y)\,dv'}{r'^3}; \quad \frac{f\rho\,(z'-z)\,dv'}{r'^3};$$

de sorte que les composantes intégrales pourront s'écrire :

$$X = f\rho\iiint\frac{x'-x}{r'^3}dv'; \quad Y = f\rho\iiint\frac{y'-y}{r'^3}dv'; \quad Z = f\rho\iiint\frac{z'-z}{r'^3}dv',$$

en étendant les intégrales à la masse entière de l'ellipsoïde.

Pour faciliter les intégrations décrivons autour de M, comme centre, une petite sphère d'un rayon égal à 1, et admettons un système de coordonnées polaires dont M soit le pôle et une parallèle à oX, l'axe fixe. Le rayon vecteur émané du pôle et allant en M' sera r', l'angle variable de ce rayon avec l'axe fixe est θ, et nous appellerons ψ l'angle azimuthal compris entre YoX et le plan de MM' et de la ligne polaire ; alors on aura, suivant l'usage, $dv' = r'^2 \sin\theta d\theta d\psi dr'$, ou bien, si $d\omega'$ est l'élément de la surface sphérique que nous avons tracée, $dv' = r'^2\, dr'\, d\omega'$. Nous aurons aussi $\cos\theta' = \sin\theta\cos\psi$, $\cos\theta'' = \sin\theta\sin\psi$, et on pourra écrire :

$$X = f\rho\int\int\int\cos\theta dr' d\omega'; \quad Y = f\rho\int\int\int\sin\theta\cos\psi dr' d\omega'; \quad Z = f\rho\int\int\int\sin\theta\sin\psi dr' d\omega';$$

Nous nous occuperons de la seule composante X, parce que les deux autres s'en déduiront ensuite par de simples changements dans les lettres. L'intégration en r doit se faire entre les limites $r' = 0$, $r' = r'_1 =$ la distance comptée sur le rayon défini par θ, θ', θ'', depuis le point M au point de sortie M'_1, ainsi $X = f\rho\int\int r'_1 \cos\theta d\omega'$. Pour déterminer r'_1, on a, en désignant par x'_1, y'_1, z'_1, les coordonnées de M'_1

$$sx_1'^2 + ty_1'^2 + z_1'^2 = 1 \text{ avec } x'_1 = r'_1\cos\theta + x; \ y'_1 = r'_1\sin\theta\cos\psi + y; \ z'_1 = r'_1\sin\theta\sin\psi + z;$$

d'où l'on tire, par la substitution,

$$pr_{,}'^{2}+2qr_{,}'=r_{,}'(pr_{,}'+2q)=0,$$

en posant

$$p=s\cos^2\theta+t\sin^2\theta\cos^2\psi+\sin^2\theta\sin^2\psi\,;\quad q=s.\cos\theta.x+t\sin\theta\cos\psi.y+\sin\theta\sin\psi.z,$$

on a donc $X=-2f\rho\iint\frac{q}{p}\cos\theta\,d\omega$, l'intégrale s'étendant à tout l'hémisphère compris dans la masse au-dessous du plan tangent mené par M. Pour connaître les limites il faudrait fixer la position de ce plan tangent relativement aux coordonnées, mais si on remarque qu'à chaque élément $d\omega'$ de cet hémisphère pris sur le rayon r', il correspond sur le même rayon dans l'autre hémisphère un élément égal pour lequel ψ a même valeur tandis que θ a augmenté ou diminué de 180°, on verra sans peine que dans l'expression sous le signe $\int\int\cos\theta$ et q changent à la fois de signe tandis que les autres quantités ne varient pas, selon que l'on considère l'un ou l'autre de ces deux éléments, c'est-à-dire que la partie de l'intégrale est la même pour chacun d'eux et qu'il est permis d'étendre l'intégration à la sphère entière en ayant soin de diviser ensuite le résultat par 2, ainsi on a

$$X=-f\rho\int d\theta\int d\psi\frac{q}{p}\sin\theta\cos\theta=-f\rho\left[\begin{array}{l} s.x\iint\frac{\cos^2\theta\sin\theta}{p}d\theta d\psi \\ +ty\iint\frac{\cos\theta\sin^2\theta\cos\psi}{p}d\theta d\psi \\ +z\iint\frac{\cos\theta\sin^2\theta\sin\psi}{p}d\theta d\psi \end{array}\right].$$

Dans chacune des deux dernières intégrales les éléments se détruisent 2 à 2 puisque à chaque valeur de ψ il correspond deux éléments pour lesquels $\theta=\theta_{,}$, $\theta=180°+\theta_{,}$, et il restera

$$X=-f\rho sx\int_0^{\pi}d\theta\int_0^{2\pi}d\psi\frac{\cos^2\theta\sin\theta}{p}.$$

Pour la même valeur de ψ le coefficient $\frac{\cos^2\theta\sin\theta}{p}$ est le même quand $\theta=\theta_{,}$ et $\theta=\pi-\theta_{,}$; il suffira donc d'étendre l'intégration en θ aux seules valeurs positives de $\cos\theta$ et de doubler, et comme en outre ce coefficient ne contient que les carrés des cosinus et des sinus des valeurs de ψ, on pourra également restreindre l'intégration en ψ au quart de la sphère et multiplier ensuite par 4, ainsi

$$X = -f\rho s x \int_0^{\frac{\pi}{2}} 2\cos^2\theta \sin\theta \, d\theta \int_0^{\frac{\pi}{2}} 4 . \frac{d\psi}{s\cos^2\theta + t\sin^2\theta\cos^2\psi + \sin^2\theta\cos^2\psi}.$$

Pour calculer la seconde je pose tang $\psi = z$, et à cause de $dz = \frac{d\psi}{\cos^2\psi}$, $\cos^2\psi = \frac{1}{1+z^2}$, $\sin^2\psi = \frac{z^2}{1+z^2}$, il vient :

$$4\int_0^{\frac{1}{0}} \frac{dz}{s\cos^2\theta + t\sin^2\theta + (s\cos^2\theta + \sin^2\theta)z^2} = \frac{2\pi}{\sqrt{(s\cos^2\theta + t\sin^2\theta)(s\cos^2\theta + \sin^2\theta)}}.$$

Et ensuite :

$$X = -4\pi f\rho x \int_0^{\frac{\pi}{2}} \frac{s\cos^2\theta\sin\theta \, d\theta}{\sqrt{(s\cos^2\theta + t\sin^2\theta)(s\cos^2\theta + \sin^2\theta)}} = -4\pi f\rho x \int_0^{\frac{\pi}{2}} \frac{\sin\theta \, d\theta}{\sqrt{\left(1 + \frac{t\,\text{tang}^2\theta}{s}\right)\left(1 + \frac{\text{tang}^2\theta^2}{s}\right)}}.$$

Cette intégrale ne peut se calculer en quantité finie, en posant $\frac{\text{tang}^2\theta}{s} = u$, il en résulte :

$$\cos\theta = \frac{1}{\sqrt{1+su}}; \quad \sin\theta \, d\theta = \frac{s\,du}{2(1+su)^{\frac{3}{2}}}; \quad U = +\sqrt{(1+su)(1+tu)(1+u)};$$

$$X = -2f\pi\rho s x \int_0^{\frac{1}{0}} \frac{du}{(1+su).U}.$$

En opérant de la même manière sur **Y** et **Z**, on obtient deux expressions qui peuvent aussi se déduire de la précédente en changeant x en y, le coefficient de u, s en t, et *vice versâ*, puis x en z, le coefficient s de u en 1, et *vice versâ*.

$$Y = -2f\pi\rho t y \int_0^{\frac{1}{0}} \frac{du}{(1+tu)U}$$

$$Z = -2f\pi z \int_0^{\frac{1}{0}} \frac{du}{(1+u)U}.$$

Ainsi si on pose pour abréger

(3) $$\left\{\begin{array}{l} X_{,}=\int_0^{\frac{1}{0}}\frac{du}{(1+su)U};\ Y_{,}=\int_0^{\frac{1}{0}}\frac{du}{(1+tu)U};\ Z_{,}=\int_0^{\frac{1}{0}}\frac{du}{(1+u)U};\\ \text{on aura}\\ X=-2f\pi\rho sxX_{,};\quad Y=-2f\pi\rho tyY_{,};\quad Z=-2f\pi\rho zZ_{,}.\end{array}\right.$$

7. Alors l'équation (2) de l'équilibre se transforme en celle-ci :

$$-2f\pi\rho sxX_{,}dx-2f\pi\rho tyY_{,}dy-2f\pi\rho zZ_{,}dz+v^2(xdx+ydy)=0.$$

Elle doit coïncider avec l'équation différentielle (1) de la surface elliptique. Or, si on multiplie cette dernière par $f\pi\rho Z_{,}$, et qu'ensuite on ajoute membre à membre, il vient

$$\{v^2-2f\pi\rho s(X_{,}-Z_{,})\}xdx+\{v^2-2f\pi\rho t(Y_{,}-Z_{,})\}ydy=0.$$

Cette équation doit être vérifiée quels que soient les incréments indépendants et arbitraires dx et dy, elle se décompose donc en deux autres qui expriment toutes les conditions nécessaires et suffisantes que doivent toujours remplir la vitesse de rotation, et les axes de la figure elliptique pour qu'elle puisse convenir à l'équilibre de la masse en mouvement, ce sont :

$$\frac{v^2}{2f\pi\rho}=s(X_{,}-Z_{,})=t(Y_{,}-Z_{,})\ldots\ (s-t)Z_{,}=sX_{,}-tY_{,},$$

ou bien

$$V=\frac{v^2}{2f\pi\rho}=s(1-s)\int_0^{\frac{1}{0}}\frac{udu}{(1+su)(1+u)U}=t(1-t)\int_0^{\frac{1}{0}}\frac{udu}{(1+tu)(1+u)U}\ldots \qquad (5)$$

$$(s-t)\left[\int_0^{\frac{1}{0}}\frac{du}{(1+u)U}-\int_0^{\frac{1}{0}}\frac{du}{(1+su)(1+tu)U}\right]=0\ldots \qquad (4)$$

A l'inspection de ces conditions on reconnaît immédiatement : 1° s et t doivent être chacun plus petit que l'unité, c'est-à-dire que l'axe de l'ellipsoïde qui coïncide avec l'axe de rotation doit être le plus petit des trois diamètres principaux de cette figure ; 2° l'équation (4) est toujours identique si $s=t$, c'est-à-dire si l'ellipsoïde est de révolution autour de l'axe de rotation et au moyen de (5), il y aura pour chaque valeur de s ou t, ou pour chaque ellipsoïde de révolution donnée, une valeur déterminée et unique de V ; mais on ne voit pas encore si à une valeur de V il peut répondre toujours une valeur de s, et s'il n'en répond qu'une seule ; cette discussion, dont les résultats sont connus depuis longtemps, viendra plus tard, et je vais m'occuper d'abord du cas général quand s ou t n'est assujetti qu'à être inférieur à l'unité.

8. Pour traiter la question de la manière la plus complète, je considérerai (comme l'a fait Laplace dans une circonstance analogue, et comme M. Liouville l'a tout récemment *indiqué* pour le cas actuel en *annonçant seulement* les principaux résultats dans les comptes rendus des séances de l'Académie) une masse fluide sollicitée dans le premier instant par des forces quelconques, et ensuite abandonnée à la vitesse acquise et à l'attraction de toutes ses parties. Par le centre de gravité de cette masse supposée immobile il passe un axe pour lequel la somme des moments des quantités de mouvement imprimés ou des forces primitives était un maximum, et qui conserve cette propriété pendant le mouvement du système, quelle que soit la manière dont les molécules agissent les unes sur les autres par leurs attractions constantes ou variables avec le temps, par leur choc mutuel et leur ténacité, et dans le cas même où il y aurait des pertes brusques et finies de quantités de mouvement.

Puisque l'axe de rotation est, à la fin, permanent, et le mouvement stable, cet axe de rotation est devenu, après quelques oscillations, celui du moment maximum qui doit, à cause de cela, être dirigé selon le plus grand ou selon le plus petit des trois axes principaux d'inertie du corps. Ainsi le mouvement actuel de rotation a lieu autour de cet axe du moment principal primitif, et la somme des moments de toutes les quantités de mouvement du système, par rapport à cette droite, est la même qu'à l'origine. On obtient ainsi sa valeur : ν étant toujours la vitesse angulaire de rotation à l'unité de distance, pour la molécule dm à la distance r elle sera νr, la quantité de mouvement de cette particule $\nu r dm$, son moment par rapport à l'axe $\nu r^2 dm$, et si μ exprime la somme constante que nous voulons évaluer. $\mu = \nu \int r^2 dm =$ le produit de la vitesse par le moment d'inertie du corps relatif à l'axe de rotation $= \nu M$. Dans le cas que nous envisageons $M = \frac{4}{15} \pi\rho \frac{s+t}{(st)^{\frac{3}{2}}}$ et $\mu = \frac{4}{15} \pi\rho\nu \frac{s+t}{(st)^{\frac{3}{2}}}$; on en déduit

$$\frac{\nu^2}{2f\pi\rho} = V = \left(\frac{15}{4}\right)^2 \cdot \frac{\mu^2}{2f\pi^3\rho^3} \cdot \frac{s^3t^3}{(s+t)^2},$$

et si on fait $\quad Q=\left(\frac{15}{4}\right)^2\cdot\frac{\mu^2}{2f\pi^3\rho^3}\quad$ il vient $\quad V=Q\,\frac{s^3t^3}{(s+t)^2}\quad$ ou $\quad Q=V\,\frac{(s+t)^2}{s^3t^3}.$

En prenant pour donnée de la question la constante Q, c'est-à-dire une quantité proportionnelle au carré du moment principal, les deux conditions (4) et (5) deviennent

$$F(s,t)=\int_0^\infty\frac{du}{(1+u)U}-\int_0^\infty\frac{du}{(1+su)(1+tu)U}=(1-s-t)\int_0^\infty\frac{udu}{U^3}-st\int_0^\infty\frac{u^2du}{U^3}=0$$

ou encore $\qquad (a)$

$$F(s,t)=(1-s)(1-t)\int_0^\infty\frac{udu}{U^3}-st\int_0^{\frac{1}{0}}\frac{udu}{(1+su)(1+tu)U}=0$$

et

$$Q=\frac{(s+t)^2}{s^3t^3}\,s(1-s)\int_0^{\frac{1}{0}}\frac{u(1+tu)\,du}{U^3}=\frac{(s+t)^2}{s^3t^3}\,t(1-t)\int\frac{u(1+su)\,du}{U^3}\;\ldots\ldots\quad(b)$$

à cause de

$$s(1-s)\int_0^\infty\frac{u(1+tu)\,du}{U^3}=(1-s)\int_0^\infty s.\frac{udu}{U^3}+(1-s)st\int_0^\infty\frac{u^2du}{U^3};$$

on peut encore écrire

$$Q=\frac{(s+t)^2}{s^3t^3}(1-s)(1-t)\int_0^\infty\frac{udu}{U^3}=\frac{(s+t)^2}{s^3t^3}\,st\int_0^\infty\frac{udu}{(1+su)(1+tu)U}\;\ldots\quad(b')$$

9. L'examen de ces conditions conduit aux conséquences suivantes : 1° Non-seulement s ou t doit conserver une valeur inférieure à l'unité, mais $s+t$ est aussi plus petit que 1 ; 2° si dans F on attribue à s une valeur déterminée quelconque comprise entre 0 et 1, F sera positif pour $t=0$ et négatif pour $t=1$; comme de plus c'est une fonction continue de ces deux variables, il y a nécessairement *au moins* un système de valeurs de s et t, comprises entre 0 et 1, qui vérifie chacune des équations (a); 3° au moyen de la première de ces équations, on trouve que $s=0$ avec $t=1$ vérifient F=0 (conséquence qu'il ne faudrait pas conclure de suite des deux dernières; car pour ces valeurs des constantes

$\int_0^\infty \frac{u^2 du}{U^3}$ et $\int_0^\infty \frac{udu}{(1+su)(1+tu)U}$ sont infinies : mais elles montrent *que* s $=$ o *est la seule valeur de* s *qui correspond à* t$=$1), et comme F est symétrique en s et t, elle est nulle aussi pour $t=1$, $s=0$; ce qui permet de soupçonner déjà *que quand* s *croît* t *décroît*.

4° Pour $t=0$, $s=1$, ou $t=1$, $s=0$, l'intégrale $\int_0^\infty \frac{udu}{U^3}$ se réduit à $\frac{1}{2}$, et pour chacune de ces limites Q est infini, tandis que sa valeur est nécessairement finie pour tout système de s, t, compris entre 0 et 1 ; ainsi on prévoit encore que Q croît avec s ; mais l'analyse suivante établira très-nettement ces deux propositions fondamentales.

Pour chaque système s_0, t_0 déduit de F$=$0 il est manifeste que l'une quelconque des équations(b), (b') fournirait une valeur correspondante unique de Q; mais y a-t-il au contraire un ellipsoïde à trois axes inégaux correspondant à chaque valeur de Q, ou à chaque système de forces primitives, et dans le cas où Q devrait avoir des limites, pour chacune des valeurs qu'elles comprennent l'équibre peut-il exister avec une seule ou avec plusieurs figures de ce genre? On répondra à ces questions en recherchant si s croissant à partir de l'une quelconque de ses valeurs il y aura toujours, quelle que soit la variation correspondante de t, changement dans la valeur de Q, et comment cette dernière grandeur varie dans l'intervale de $s=0$ à $s=1$.

10. Comparons donc les valeurs correspondantes de ds, dt, dQ, et pour cela, prenons les équations de conditions que doivent toujours vérifier les variables s, t, Q, sous la forme :

$$F(s,t) = (1-s-t)\int_0^\infty \frac{udu}{U^3} - st\int_0^\infty \frac{u^2du}{U^3} = 0,$$

$$Q = \frac{(s+t)^2}{s^3t^3}\cdot st\int_0^\infty \frac{udu}{(1+su)(1+tu)U} - \frac{(s+t)^2}{s^2t^2}Q',$$

avec

$$Q' = \int_0^\infty \frac{udu}{(1+su)(1+tu)U}.$$

Si on regarde t comme une fonction de s déterminée par la première de ces équations, Q sera aussi une fonction de s prise pour variable indépendante, et on aura

$$\left(\frac{dF}{ds}\right)ds+\left(\frac{dF}{dt}\right)dt=0, \quad \text{d'où} \quad dt=-\frac{\left(\frac{dF}{ds}\right)}{\left(\frac{dF}{dt}\right)}ds,$$

$$dQ=\left[\left(\frac{dQ}{ds}\right)+\left(\frac{dQ}{dt}\right)\frac{dt}{ds}\right]ds=\frac{\left(\frac{dQ}{ds}\right)\left(\frac{dF}{dt}\right)-\left(\frac{dQ}{dt}\right)\left(\frac{dF}{ds}\right)}{\left(\frac{dF}{dt}\right)}ds.$$

La fonction F étant différentiée par rapport à s donne, après quelques réductions,

$$\left(\frac{dF}{ds}\right)=-\frac{1}{2}\int_0^\infty \frac{u(1+u)(1+tu)}{U^5}\left\{2+(3-s-t)u-stu^2\right\}du$$

et, en permutant s et t,

$$\left(\frac{dF}{dt}\right)=-\frac{1}{2}\int_0^\infty \frac{u(1+u)(1+su)}{U^5}\left\{2+(3-s-t)u-stu^2\right\}du.$$

Pour rendre explicite le signe de ces fonctions, je décompose chacune d'elles en deux intégrales symétriques en s et t, et pour cela j'effectue dans la première la multiplication par $1+tu$:

$$\left(\frac{dF}{ds}\right)=-\frac{1}{2}\int_0^\infty \frac{u(1+u)du}{U^5}\left\{2+(3-s-t)u-stu^2\right\}-\frac{1}{2}t\int_0^\infty \frac{u^2(1+u)du}{U^5}\left\{2+(3-s-t)u-stu^2\right\},$$

soit

$$2A_0=\int_0^{\frac{1}{0}} \frac{u(1+u)du}{U^5}\left\{2+(3-s-t)u-stu^2\right\},$$

$$2A_1=\int_0^{\frac{1}{0}} \frac{u^2(1+u)du}{U^5}\left\{2+(3-s-t)u-stu^2\right\},$$

et il viendra : $\left(\frac{dF}{ds}\right)=-A_0-tA_1$; $\left(\frac{dF}{dt}\right)=-A_0-sA.$

Pour rendre manifeste le signe de A_0 remarquons que

$$H_1 = \frac{u^2}{(1+u)^{\frac{1}{2}}(1+su)^{\frac{3}{2}}(1+tu)^{\frac{3}{2}}},$$

est nulle aux limites $u=0$, $u=\infty$, et comme sa différentielle est

$$dH_1 = \frac{u(1+u)}{2U^5}\left\{4+(3+s+t)u-2stu^2-3stu^3\right\}du,$$

on aura

$$H = \int_0^\infty \frac{u(1+u)\,du}{U^5}\left\{4+(3+s+t)u-2stu^2-3stu^3\right\} = 0,$$

alors

$$2A_0 - \frac{H}{2} = 2A_0 = \frac{3}{2}\int_0^\infty \frac{u(1+u)\,du}{U^5}\left\{1-s-t)u+stu^3\right\} = \textit{quantité positive.}$$

Cette méthode ne réussit pas pour la fonction A_1, mais comme il nous suffira de connaître le signe de la somme $A_0+A_1=D$, appliquons le même artifice à la recherche de ce signe. On a

$$2(A_0+A_1) = \int_0^\infty \frac{u(1+u)\,du}{U^5}\left\{2+(5-s-t)u+(3-s-t-st)u^2-stu^3\right\},$$

et par suite

$$2(A_0+A_1) - \frac{H}{3} = \int_0^\infty \frac{u(1+u)\,du}{U^5}\left\{\frac{2}{3}+4\left(1-\frac{1}{3}(s+t)\right)u+\left(3-s-t-\frac{1}{2}st\right)u^2\right\};$$

ainsi $2(A_0+A_1)=2D$ est une quantité positive, car le maximum de $s+t$ est 1, et celui de st est $\frac{1}{4}$.

Actuellement écrivons

$$\left(\frac{dF}{ds}\right) = -A_0(1-t)-tD, \quad \left(\frac{dF}{dt}\right) = -A_0(1-s)-sD,$$

et il sera visible que *chacune d'elles est essentiellement négative,* et ensuite qu'à chaque valeur de ds, il correspondra toujours une valeur unique de dt, mais de signe contraire.

Ainsi le signe de dt étant toujours contraire à celui de ds, la constante t croît quand s décroît ou inversement; aux variations de s depuis o à 1 correspondent des variations également continues de t depuis 1 à o, et il arrivera un instant unique dans l'intervalle où les valeurs de s et t seront égales; l'ellipsoïde qui correspond à cette valeur intermédiaire commune $s=t=\sigma$ est de révolution; tous ceux qui répondent aux valeurs de s comprises depuis o à σ ou de t depuis 1 à σ ont leurs trois axes inégaux, le plus grand étant dirigé selon l'axe des x, le moyen selon celui des y, et la masse tourne autour du plus petit. Au contraire, quand on considérera les figures de l'équilibre obtenues, en faisant varier s de σ à 1 et t de σ à o, l'axe moyen aura la direction oX et le plus grand la ligne des y; enfin l'ellipsoïde dont l'équateur est circulaire, est la limite commune, et comme la jonction de ces deux séries, le plus petit de ses diamètres est son axe de figure.

En outre, si, pour une certaine figure de la première série, on a $s=s_0$, $t=t^0$, il y en aura une dans la seconde pour laquelle $s=t_0$, $t=s_0$, c'est-à-dire ce sera la première qui aura simplement tourné d'un quart de révolution : ainsi, on comprend encore toutes les figures possibles de l'équilibre en supposant $s>t$, c'est-à-dire que les deux séries précédentes sont identiques, quant à la forme, et ne diffèrent que par la position par rapport aux axes.

11. Occupons-nous du système de forces primitives ou de Q qui en dépend, nous avons

$$Q=\frac{(s+t)^2}{s^2t^2}\,Q' \quad \text{avec} \quad Q'=\int_0^\infty \frac{udu}{(1+su)\,(1+tu)\,U},$$

en différentiant il vient

$$\left(\frac{dQ}{ds}\right)=\frac{(s+t)^2}{s^2t^2}\left(\frac{dQ'}{ds}\right)+Q'\left(\frac{d}{ds}\right)\left(\frac{(s+t)^2}{s^2t^2}\right);$$

mais

$$\left(\frac{dQ'}{ds}\right)=\int_0^\infty \frac{udu}{(1+u)^{\frac{1}{2}}\,(1+tu)^{\frac{3}{2}}}\,\frac{d}{ds}\left(\frac{1}{(1+su)^{\frac{3}{2}}}\right)=-\frac{3}{2}\int_0^\infty \frac{u^2\,(1+u)^2\,(1+tu)}{U^5}\,du,$$

$$\left(\frac{d}{ds}\right)\frac{(s+t)^2}{s^2t^2}=-2\,\frac{t^2(s+t)}{s^3t^3};$$

ainsi, en substituant, j'obtiens

$$\left(\frac{dQ}{ds}\right) = -\frac{3}{2}\,\frac{(s+t)^2}{s^2t^2}\int_0^\infty \frac{u^2\,(1+u)^2}{U^5}\,(1+tu)\,du - 2t^2\,\frac{(s+t)}{s^3t^3}\,Q'.$$

Je décompose la première intégrale en deux autres symétriques en s, t en effectuant la multiplication par $(1+tu)$, et si on pose pour abréger :

$$\frac{3}{2}\,\frac{(s+t)^2}{s^2t^2}\int_0^\infty \frac{u^2\,(1+u)^2}{U^5}\,du = \Delta_1,\quad \frac{3}{2}\,\frac{(s+t)^2}{s^2t^2}\int_0^\infty \frac{u^3\,(1+u)^2}{U^5}\,du = \Delta_2,$$

$$\frac{2\,(s+t)}{s^3t^3}\int_0^{\frac{1}{0}} \frac{u\,du}{(1+su)\,(1+tu)\,U} = C,$$

il viendra

$$\left(\frac{dQ}{ds}\right) = -\left\{\Delta_1 + t\Delta_2 + t^2C\right\},$$

et, en permutant s et t,

$$\left(\frac{dQ}{dt}\right) = -\left\{\Delta_1 + s\Delta_2 + s^2C\right\},$$

$$\left(\frac{dQ}{ds}\right)\left(\frac{dF}{dt}\right) = A_0\Delta_1 - sA_0\Delta_1 + tA_0\Delta_2 - stA_0\Delta_2 + t^2A_0C - st^2A_0C + sD\Delta_1 + stD\Delta_2 + st^2CD,$$

$$\left(\frac{dQ}{dt}\right)\left(\frac{dF}{ds}\right) = A_0\Delta_1 - tA_0\Delta_1 + sA_0\Delta_2 - \text{etc.},$$

$$\left(\frac{dQ}{ds}\right)\left(\frac{dF}{dt}\right) - \left(\frac{dQ}{dt}\right)\left(\frac{dF}{ds}\right) = -(s-t)\left\{A_0\Delta_1 + A_0\Delta_2 + (s+t)\,A_0C - stA_0C - \Delta_1D + stCD\right\}$$

$$= -(s-t)\left[A_0\,(\Delta_1+\Delta_2) + (s+t-st)\,A_0C + D\,(stC - \Delta_1)\right].$$

Or $(s+t-st) = s(1-\frac{1}{2}t) + t(1-\frac{1}{2}s) =$ *quantité positive* ; de plus nous démontrerons tout à l'heure au n° 15 que $stC - \Delta_2$ est toujours plus grand que 0. Ainsi le second membre est de signe contraire à $(s-t)$, et si on remonte à l'expression de dQ on reconnaîtra que le signe de cette différentielle sera celui de ds, tant que s sera plus grand que t, et que ce sera le signe contraire, quand s sera plus petit que t, c'est-à-dire que Q croîtra ou décroîtra à mesure que s croîtra, selon que l'on aura $s>t$ ou $s<t$.

12. Si nous faisons décroître s depuis 1 jusqu'à cette valeur σ qui est aussi la

valeur correspondante de t, Q décroîtra aussi d'une façon continue ; puis si nous continuons à faire décroître encore la variable s, Q prendra un mouvement inverse, il croîtra successivement, de sorte que son minimum correspond à l'ellipsoïde de révolution limite $s=t=\sigma$, nous la désignerons par Q_σ.

L'expression générale de Q ne change pas quand on permute s et t; la même valeur Q_0 sera donc fournie par les deux systèmes $s=s_0$, $t=t_0$ et $s=t_0$, $t=s_0$, mais ces deux systèmes ne donnent qu'une seule et même figure d'équilibre, et comme pour le cas limite $t=0$, $s=1$ Q est infini, *il est permis de conclure qu'à une valeur quelconque de Q supérieur à Q_σ il y a toujours un couple de valeurs de s, t correspondantes ou une figure d'équilibre, mais il n'y en a qu'une, tandis que les équations en s, t n'ont plus de solutions réelles quand on se donne $Q<Q_\sigma$.*

Quand $Q=\frac{1}{0}$, $t=0$, $s=t$, et la figure d'équilibre est un cylindre circulaire droit dont la base contient l'axe de rotation et est infiniment petite relativement à l'axe du corps ; cette forme s'altère lentement à mesure que Q décroît, la base circulaire devient une ellipse de plus en plus excentrique qui a pour petit axe celui de la rotation et pour grand axe le diamètre moyen de l'équateur, en même temps l'excentricité de cet équateur diminue progressivement, il se transforme en cercle quand Q atteint son minimum Q_σ, et la figure d'équilibre, dans ce second cas limite, est celle d'un ellipsoïde de révolution.

13. Nous pouvons déterminer aussi la variation successsive de l'axe de rotation qui, dans chacune de ces figures, était pris pour unité. Si on désigne sa longueur par $2c$, et par $2b$, $2a$, les longueurs nouvelles des deux autres on aura $a=\frac{c}{\sqrt{s}}$, $b=\frac{c}{\sqrt{t}}$, et la ma se $m=\frac{4}{3}\pi\rho abc=\frac{4}{3}\pi\rho\frac{c^3}{\sqrt{st}}$. Pour chaque figure déterminée cette relation donnera la valeur de c, et les deux précédentes feront ensuite connaître b et a; on aura le mode de variation de c, quand s passe de 0 à 1 en regardant c comme fonction de s, et en comparant les valeurs de dc, ds qui se correspondent.

Si on différentie l'équation précédente mise sous la forme $c^3=K\sqrt{st}$, on a

$$dc=\frac{K}{6c^2\sqrt{st}}\left(s\frac{dt}{ds}+t\right)ds=\frac{K}{6c^2\sqrt{st}}\left\{\frac{t\left(\frac{dF}{dt}\right)-s\left(\frac{dF}{ds}\right)}{\left(\frac{dF}{dt}\right)}\right\}ds,$$

mais

$$t\left(\frac{dF}{dt}\right) = -t(1-s)A_0 - stD\,; \quad s\left(\frac{dF}{ds}\right) = -s(1-t)A_0 - stD\,;$$

et, en substituant,

$$dc = \frac{K}{6c^2\sqrt{st}} A_0 . \frac{s-t}{\left(\frac{dF}{dt}\right)} ds \ldots,$$

$\left(\frac{dF}{dt}\right)$ est négatif et il résulte de cette relation que c *décroîtra* ou *croîtra* à mesure que s ou bien Q croîtra, selon que l'on prendra $s >$ ou $< t$. On doit conclure encore, d'après ce qui précède, que l'axe moyen (qui est dirigé selon OX si $s > t$) décroîtra ou croîtra en même temps dans un rapport plus grand, tandis que le plus grand diamètre aura un mouvement contraire.

14. Il est utile de détermiuer les valeurs σ, Q_σ qui répondent à l'ellipsoïde de révolution, limite commune des deux séries de figures elliptiques à trois axes inégaux que nous avons obtenus; j'introduis pour cela $s = t$ dans les deux conditions générales de l'équilibre et elles deviennent :

$$F(s) = \int_0^\infty \frac{du}{(1+u)^{\frac{1}{2}}(1+su)} - \int_0^{\frac{1}{0}} \frac{du}{(1+u)^{\frac{1}{2}}(1+su)^3}\,; \quad Q_\sigma = \frac{4}{s^2}\int_0^\infty \frac{u\,du}{(1+u)^{\frac{1}{2}}(1+su)^3},$$

la valeur que fournira la première sera σ, après quoi la seconde fera connaître Q_σ. Si on fait $(1+u) = \frac{1}{x^2}$, d'où il résulte

$$u = \frac{1-x^2}{x^2}\,; \quad du = \frac{-2dx}{x^3}\,; \quad 1+su = \frac{s}{x^2}\left(1+\frac{1-s}{s}x^2\right) = \frac{1}{(1+\lambda^2)x^2}(1+\lambda^2x^2),$$

en posant $\frac{1-s}{s} = \lambda^2$.

Les limites $u = 0$, $u = \frac{1}{0}$ seront $x = 1$, $x = 0$, et il viendra en les renversant pour rendre les expressions positives :

$$F(s) = \int_0^1 \frac{x^2dx}{1+\lambda^2x^2} - (1+\lambda^2)^2\int_0^1 \frac{x^4dx}{(1+\lambda^2x)^3} = 0, \quad Q = 8(1+\lambda^2)^5\int_0^1 \frac{x^2(1-x^2)\,dx}{(1+\lambda^2x^2)^3}.$$

En intégrant par les méthodes usitées on trouve :

$$\int_0^1 \frac{x^2dx}{(1+\lambda^2x^2)} = \frac{1}{\lambda^3}(\lambda - \text{arc tang}\,\lambda)\,;$$

$$\int_0^1 \frac{x^4dx}{(1+\lambda^2x^2)^3} = -\frac{1}{4\lambda^2}\left\{\frac{3}{2\lambda^2}\,\frac{1}{1+\lambda^2} + \frac{1}{(1+\lambda^2)^2} - \frac{3}{2\lambda^3}\,(\text{arc tang}\,\lambda)\right\};$$

$$\int_0^1 \frac{x^2dx}{(1+\lambda^2x^2)^3} = -\frac{1}{\lambda^2}\left\{\frac{1}{4(1+\lambda^2)} + \frac{1}{8\,(1+\lambda^2)\lambda^2} - \frac{1}{8\lambda^3}\,(\text{arc tang}\,\lambda)\right\};$$

et après les substitutions on obtient

$$F(s) = \frac{1}{8\lambda^5}\left\{\lambda\,(3+13\lambda^2) - (3+14\lambda^2+3\lambda^4)\ \text{arc tang}\,\lambda\right\} = 0\,;$$

$$Q_\sigma = \frac{(1+\lambda^2)^3}{\lambda^5}\left\{\lambda\,(3+4\lambda^2+\lambda^4) - (1+\lambda^2)^2\,(3-\lambda^2)\ \text{arc tang}\,\lambda\right\}.$$

Par des méthodes d'essai on a trouvé $\lambda = 1{,}3945$; $a = b = \sqrt{1+\lambda^2} = 1{,}761$

$$\sigma = \frac{1}{1+\lambda^2} = 0{,}3396\,;\quad Q_\sigma = 55{,}29878\,;$$

15. Je dois actuellement démontrer le théorème sur lequel je me suis appuyé pour établir la loi des variations simultanées de Q et de s qui vient déjà d'être vérifiée par le calcul numérique précédent.

On doit avoir $stC - \Delta_2 > 0$.

En effet

$$C = 2\,\frac{s+t}{s^3t^3}\int_0^{\frac{1}{0}} \frac{udu}{(1+su)\,(1+tu)\,U} = 2.\,\frac{s+t}{s^3t^3}\int_0^\infty \frac{u\,(1+u)^2}{U^5}.\,(1+su)\,(1+tu)\,du\,;$$

$$\Delta_2 = \frac{3}{2}\,\frac{(s+t)^2}{s^2t^2}\int_0^\infty \frac{u^2\,(1+u)^2}{U^5}\,du\,;$$

on a donc

$$stC - \Delta 2 = \frac{s+t}{s^2t^2}\left[\int_0^{\frac{1}{0}} \frac{u(1+u)^2}{U^5}\, du \left\{ 2(1+su)(1+tu) - \frac{3}{2}(s+t)\,u \right\}\right];$$

$$= \frac{s+t}{s^2t^2}\left[\int_0^{\infty} \frac{u(1+u)^2}{U^5}\, du \left\{ 2 + 2(s+t)\,u + 2stu^2 - \frac{3}{2}(s+t)\,u \right\}\right];$$

$$= \frac{s+t}{s^2t^2}\int_0^{\infty} \frac{u(1+u)^2}{U^5}\, du \left\{ 2 + \frac{1}{2}(s+t)\,u + 2stu^2 \right\};$$

et il est évident que cette intégrale est *essentiellement positive*.

16. Ce que l'on vient de trouver sur la possibilité d'une seule figure d'équilibre correspondant à un système donné de forces primitives n'entraîne pas la nécessité d'une figure permanente unique pour chaque vitesse de rotation, bien que chaque vitesse exige une force primitive distincte au moins dans son mode d'application.

Prenons donc pour nouvelles variables s, t, $V = \frac{\nu^2}{2f\pi\rho}$ et cherchons si pour chaque valeur de V il y a toujours un ellipsoïde à trois axes inégaux qui convienne à l'équilibre, si même, dans le cas où V aurait des limites, pour chacune des valeurs qu'elles comprennent, il y aura un système ou plusieurs systèmes de valeurs de s, t correspondantes. C'est sous ce point de vue particulier que M. Meyer a traité tout récemment la question dans un beau mémoire inséré dans le journal de M. Crelle.

Pour résoudre ces diverses questions, il faut évidemment comparer encore les accroissements simultanés ds, dt, dV.

Les deux équations qui doivent toujours être vérifiées par les quantités s, t, V, ont déjà été trouvées, ce sont :

$$F(s,t) = (1-s-t)\int_0^{\frac{1}{0}} \frac{udu}{U^3} - st\int_0^{\frac{1}{0}} \frac{u^2du}{U^3} = 0, \quad V = st\int_0^{\frac{1}{0}} \frac{udu}{(1+su)(1+tu)\,U}.$$

La première a été déjà discutée et toutes les conséquences qui ont été obtenues dans le n° 10, sur le mode de variations simultanées de s et t, subsistent.

17. Occupons-nous de la seconde : elle détermine V au moyen de s, t, et si on regarde t comme une fonction de s formulée par la première de ces équations,

on pourra considérer V comme une fonction de s prise pour la seule variable indépendante; alors on aura :

$$dV = \left\{ \frac{\left(\frac{dV}{ds}\right)\left(\frac{dF}{dt}\right) - \left(\frac{dV}{dt}\right)\left(\frac{dV}{ds}\right)}{\left(\frac{dV}{dt}\right)} \right\} ds.$$

On a reconnu que $\left(\frac{dF}{ds}\right)\left(\frac{dF}{dt}\right)$ sont essentiellement négatives et il reste à rendre explicite le signe du numérateur.

La valeur précédente de V étant différentiée en s, donne, après des réductions évidentes,

$$\left(\frac{dV}{ds}\right) = t \int_0^{\frac{1}{0}} \frac{u\,(1+u)^2\,(1+tu)\,du}{U^5} \left(1 - \frac{1}{2}\,su\right).$$

Effectuons la multiplication par $(1+tu)$, pour décomposer cette expression en deux intégrales qui soient symétriques en s, t, et posons

$$B_0 = \int_0^{\frac{1}{0}} \frac{u\,(1+u)^2}{U^5}\left(1 - \frac{1}{2}\,stu^2\right) du, \quad B_1 = \int_0^{\frac{1}{0}} \frac{u^2\,(1+u)^2}{U^5}\, du,$$

il viendra

$$\left(\frac{dV}{ds}\right) = tB_0 + t\left(t - \frac{1}{2}\,s\right)B_1,$$

et on en déduit

$$\left(\frac{dV}{ds}\right) = sB_0 + s\left(s - \frac{1}{2}\,t\right)B_1.$$

Le signe de B_1 est manifeste; pour reconnaître celui de B_0 on peut recourir à la fonction

$$H = \int_0^{\frac{1}{0}} \frac{u\,(1+u)\,du}{U^5} \left\{4 + (3+s+t)\,u - 2stu^2 - 3stu^3\right\} = 0\,;$$

on a en effet

$$4B_0 - H = 4B_0 = \int_0^{\frac{1}{0}} \frac{u(1+u)\,du}{U^5} \left\{ (1-s-t)u + stu^3 \right\} = \textit{quantité positive.}$$

Or, de ces valeurs de $\left(\frac{dV}{ds}\right)$, $\left(\frac{dV}{dt}\right)$ et de celles de $\left(\frac{dF}{ds}\right)$, $\left(\frac{dF}{dt}\right)$, on conclut :

$$\left(\frac{dV}{ds}\right)\left(\frac{dF}{dt}\right) = -tA_0B_0 - t\left(t - \frac{1}{2}s\right)A_0B_1 - stA_1B_0 - st\left(t - \frac{1}{2}s\right)A_1B_1,$$

$$\left(\frac{dV}{dt}\right)\left(\frac{dF}{ds}\right) = -sA_0B_0 - s\left(s - \frac{1}{2}st\right)A_0B_1 - stA_1B_0 - st\left(s - \frac{1}{2}t\right)A_1B_1,$$

et

$$\left(\frac{dV}{ds}\right)\left(\frac{dF}{dt}\right) - \left(\frac{dV}{dt}\right)\left(\frac{dF}{ds}\right) = (s-t)\left[A_0B_0 + \frac{3}{2}stB_1(A_0 + A_1) + \left(s + t - \frac{3}{2}st\right)A_0B_1\right].$$

Le second membre a le signe de $(s-t)$. Si on remonte à l'expression de dV, et que l'on se rappelle que $\left(\frac{dF}{dt}\right)$ est négatif, on reconnaîtra que V croîtra ou décroîtra à mesure que s décroîtra selon que l'on aura $s>t$ ou $s<t$. Ainsi, si nous faisons décroître s depuis 1 à cette valeur σ qui est aussi la valeur correspondante de t, V croîtra successivement, puis si nous continuons à faire décroître s depuis σ à o auquel cas t croîtra depuis σ à 1, V décroîtra de sorte que la valeur la plus grande de cette fonction correspond à l'ellipsoïde de révolution limite $s=t=\sigma$, c'est-à-dire à la plus petite valeur de Q.

L'expression générale de V ne changeant pas quand on permute s et t, la même valeur sera donnée par $s=s_0$, $t=t_0$, et par $s=t_0$, $t=s_0$; mais ces deux systèmes ne donnent qu'une seule et même figure, et comme en outre V=o par les cas limites t=o, s=1 ou t=1, s=o (c'est-à-dire quand Q est infini), il est permis de conclure qu'à *une valeur quelconque de* V *plus petite que* $V\sigma$ *il répond une figure elliptique qui convient à l'équilibre, mais qu'il n'en répond qu'une*. Toutes les conséquences que nous avons déjà obtenues dans les n°s 11, 12, sur le mode de variation de l'axe de rotation et des deux autres, ainsi que sur la forme permanente qu'on obtient aux deux limites, et sur la manière dont elle s'altère progressivement, se présenteraient également ici. Enfin l'équation qui donne V ne diffère de celle qui a servi à calculer $Q\sigma$ dans le n° 13, que par le facteur constant $\frac{1}{4(1+\lambda^2)^4}$, λ ayant la même signification que précédemment : la valeur numérique de ce facteur est $\frac{1}{300{,}886}$, et on trouve pour $V\sigma$, $V\sigma$=0,18711.

Des ellipsoïdes de révolution qui conviennent à l'équilibre.

18. Il nous reste à examiner le cas où l'ellipsoïde donné est de révolution autour de l'axe de rotation. Si on fait $s=t$ dans les deux équations générales que nous avons obtenues dans le n° 7, la seconde $(s-t)F(s,t)=0$ est vérifiée d'elle-même quel que soit s, et si on prend pour élément de la question la vitesse v de rotation, ou sa fonction V, on aura entre V et s l'équation unique

$$V = s(1-s)\int_0^{\frac{1}{0}} \frac{udu}{(1+u)^{\frac{3}{2}}(1+su)^2}:$$

1° s doit être plus petit que 1 ; ce qui veut dire que l'axe de figure ou de rotation est plus petit que celui de l'équateur; 2° la vitesse ne peut-être nulle que dans les cas limites $s=0$, $s=1$ que nous interpréterons plus tard.

En employant la transformation qui nous a déjà servi $1+u=\frac{1}{x^2}$, il vient en mettant λ^2 pour $\frac{1-s}{s}$:

$$V = 2\lambda^2\left[\int_0^1 \frac{x^2dx}{(1+\lambda^2x^2)^2} - \int_0^1 \frac{x^4dx}{(1+\lambda^2x^2)^2}\right].$$

L'intégration par parties donne

$$\int_0^1 \frac{x^2dx}{(1+\lambda^2x^2)^2} = -\frac{1}{2\lambda^2(1+\lambda^2)} + \frac{1}{2\lambda^3}\text{ arc tang}\,\lambda,$$

$$\int_0^1 \frac{x^4dx}{(1+\lambda^2x^2)^2} = -\frac{1}{2\lambda^2(1+\lambda^2)} + \frac{3}{2\lambda^5}(\lambda - \text{arc tang}\,\lambda),$$

que l'on peut écrire
$$\left\{\begin{array}{l} V = \frac{1}{\lambda^3}\left\{(3+\lambda^2)\text{ arc tang}\,\lambda - 3\lambda\right\}, \\ \lambda.\frac{3+V\lambda^2}{3+\lambda^2} - \text{arc tang}\,\lambda = 0. \qquad (c) \end{array}\right.$$

Au lieu de considérer V comme déterminée au moyen de λ, donnons-nous au contraire V, et cherchons si pour chaque valeur de cette constante il existe une ou plusieurs valeurs réelles de λ, si même il en existe toujours une. L'équation (c) est satisfaite par $\lambda = o$, mais comme en même temps V serait nulle, c'est une limite, que nous devons écarter pour le moment; les autres valeurs de λ sont égales deux à deux et de signe contraire, et puisque s ne dépend que de λ^2 nous pourrons considérer seulement les racines positives. Quand λ est très-petit on peut développer $\frac{\text{arc tang}\,\lambda}{\lambda}$ par rapport aux puissances ascendantes de λ, ainsi que $\frac{1}{3+\lambda^2}$,

$$\frac{\text{arc tang}\,\lambda}{\lambda} = 1 - \frac{1}{3}\lambda^2 + \ldots, \quad \frac{1}{3+\lambda^2} = \frac{1}{3} - \frac{1}{9}\lambda^2 + \ldots \text{ etc.};$$

et l'on reconnaît que pour ces valeurs très-petites de λ l'expression

$$\frac{3+V\lambda^2}{3+\lambda^2} - \frac{\text{arc tang}\,\lambda}{\lambda}$$

est *positive*; de même quand λ est très-grand, le premier terme a pour limite V, il est plus grand que V, tandis que le second converge vers zéro, et la fonction est encore positive : ainsi la courbe définie par l'abscisse λ et l'ordonnée $\varphi = \lambda \frac{3+V\lambda^2}{3+\lambda^2} - \text{arc tang}\,\lambda$, commence par s'élever à partir de l'origine au-dessus de l'axe des abscisses, et elle finit aussi par être au-dessus de cet axe.

Si dans l'intervalle elle le coupe, les valeurs correspondantes de λ seront les racines cherchées de l'équation (c) : or, s'il en existe, l'ordonnée φ devra pour certaines valeurs de λ, l'une inférieure et les autres supérieures à la plus petite de ces racines, recevoir des valeurs maxima ou minima, c'est-à-dire que sa dérivée devra s'annuler pour ces valeurs. On a

$$\frac{d\varphi}{d\lambda} = \lambda^2 \frac{[V\lambda^4 + 2(5V-2)\lambda^2 + qV]}{(3+\lambda^2)^2(1+\lambda^2)},$$

et en l'égalant à zéro on obtient :

$$V\lambda^4 + 2(5V-2)\lambda^2 + qV = 0, \qquad (a)$$

elle donne

$$\lambda = \sqrt{\frac{2}{V} - 5 \pm \sqrt{\left(\frac{2}{V} - 5\right)^2 - 9}}.$$

Ainsi φ ne peut avoir qu'un maximum et qu'un minimum du côté des abscisses positives, et *par suite si* (c) *a des racines positives différentes de zéro, elle en aura tout au plus deux.*

Une première condition nécessaire pour qu'il en soit ainsi, consiste dans la réalité des valeurs précédentes de λ, c'est-à-dire il faut

$$\left(\frac{2}{V}-5\right)^2 > 9 \quad \text{ou} \quad V < \frac{2}{8}.$$

Pour $V = \frac{2}{8}$ les valeurs précédentes de λ sont encore réelles, mais elles sont égales toutes deux à $\sqrt{3}$; de là on peut conclure :

1° Pour $V > \frac{2}{8}$ la courbe n'a ni ordonnée maxima, ni ordonnée minima, φ croît continuellement de o à ∞ avec λ; l'équation (*c*) n'a pas de racines réelles différentes de zéro, et l'équilibre n'est possible avec aucun ellipsoïde de révolution.

2° Pour $V < \frac{2}{8}$ il y a une ordonnée maxima déterminée par une valeur de λ comprise entre zéro et $\sqrt{3}$, et une autre minima pour laquelle λ a une valeur finie plus grande que $\sqrt{3}$; quand V croît de o à $\frac{2}{8}$ l'abscisse de l'ordonnée maxima croît de o à $\sqrt{3}$, celle de l'ordonnée minima décroît de l'infini jusqu'à $\sqrt{3}$; mais on ne sait pas encore si la courbe coupe l'axe des abscisses.

3° Quand $V = \frac{2}{8}$ l'ordonnée maxima et l'ordonnée minima se sont rapprochées jusqu'à se confondre; la courbe a un point d'inflexion pour $\lambda = \sqrt{3}$, mais ce point pourrait être sur l'axe ou au-dessus.

Pour reconnaître si, dans ces deux cas, la courbe peut être rencontrée par l'axe des abscisses, la méthode directe serait de déterminer le signe de l'ordonnée minima qui correspond aux diverses hypothèses faites sur V, mais voici une manière un peu plus simple.

Déterminons la valeur limite du paramètre V pour laquelle la courbe ne ferait que toucher l'axe des abscisses. Si V_0 est cette valeur de V et λ_0, la valeur correspondante de λ, il faudra pour les déterminer, exprimer qu'elles annulent à la fois φ et $\frac{d\varphi}{d\lambda}$. Or $\frac{d\varphi}{d\lambda}$ donne $V_0 = \frac{2\lambda_0^2}{(1+\lambda_0^2)(9+\lambda_0^2)}$ et l'équation $\varphi = 0$ devient

$$\frac{3(1+\lambda_0^2)(9+\lambda_0^2)+2\lambda_0^2}{(1+\lambda_0^2)(9+\lambda_0^2)(3+\lambda_0^2)} - \frac{\operatorname{arc\,tang} \lambda_0}{\lambda_0} = 0.$$

Cette dernière admet une valeur positive de λ_0; car, en mettant le premier terme sous la forme $\frac{3}{3+\lambda^2_0} + \frac{2\lambda^5_0}{(1+\lambda^2_0)(3+\lambda^2_0)(9+\lambda^2_0)}$ et en développant $\frac{3}{3+\lambda^2_0}$ et $\frac{\text{arc tang}\lambda_0}{\lambda_0}$, on reconnaît que pour de très-petites valeurs de λ_0 l'expression est négative, tandis que

$$\frac{3\lambda_0}{3+\lambda^2_0} + \frac{2\lambda^6_0}{(1+\lambda^2_0)(3+\lambda^2_0)(9+\lambda^2_0)} - \text{arc tang}\,\lambda_0$$

se réduit à $2 - \frac{\pi}{2}$ quand λ_0 est supposée infinie, $\frac{\pi}{2}$ étant un arc de 90° dans la circonférence qui a pour rayon un; $2 - \frac{\pi}{2}$ est positif; il y a donc au moins une racine positive commune, mais il n'y en a qu'une, car quand V augmente de ε, la fonction φ augmente de $\frac{2\varepsilon\lambda^3}{3+\lambda^2}$ quel que soit λ; si donc elle n'est pas négative pour λ_0 ou $V = V_0$, elle ne saurait devenir nulle pour $V = V_0 + \varepsilon$. Par des méthodes d'essai on trouve $\lambda_0 = 2{,}5292$, puis $V = 0{,}2246$.

19. Il résulte de ce qui précède : 1° Pour des valeurs de V plus grandes que la fraction V_0, φ ne peut être annulé pour aucune valeur de λ, il n'y a ni ordonnée maxima, ni ordonnée minima, et (c) n'a pas de racines réelles. 2° Si V est plus petit que V_0, φ a des valeurs négatives, son minimum est négatif et (c) a deux racines réelles positives, ou autrement il y a deux figures d'équilibre qui conviennent à chacune de ces suppositions. 3° Enfin pour $V = V_0$ la courbe a un contact du premier ordre avec l'axe des abscisses, (c) a deux racines égales à l'abscisse du point d'oscultation, les deux ellipsoïdes précédents ont dégénéré en un seul. 4° Dans cette amplitude de V la racine λ varie depuis o à l'infini et les sphéroïdes de l'équilibre passent par toutes sortes d'excentricités; mais on peut les distribuer en deux séries, car en prenant toujours dans chacun l'axe de rotation pour l'unité linéaire, il y en a pour lesquels λ est plus grand que λ_0, et d'autre pour lesquels il est plus petit.

5° Dans la première série les excentricités décroissent, dans l'autre elles croissent, et pour chaque valeur assignée à V entre les limites o, et 0,2246, il y a toujours dans chaque série une figure qui convient à l'équilibre.

Dans chaque cas d'équilibre la valeur de s se déduira de celle de λ; quant à l'axe de figure, qui a été pris pour unité, sa valeur absolue se déduira de la masse connue m du fluide, car $m = \frac{4}{3}\pi\rho\,\frac{c^3}{s}$ donne $c^3 = \frac{3}{4}\frac{m}{\pi\rho}s$, et on voit en outre que c croît avec s, mais dans un rapport plus faible. D'ailleurs, pour la série dont les excentricités croissent à mesure que V varie de o à V_0, s décroît, et c'est le contraire pour l'autre série.

20. Quand V est une très-petite fraction, comme cela a lieu pour la plupart des corps planétaires, les deux racines de l'équation (*c*) s'obtiennent promptement. En effet, l'une est de l'ordre de V, et l'autre est très-grande.

Pour la première nous avons déjà dit que l'on pourrait écrire

$$\text{Arc tang}\,\lambda = \lambda - \frac{1}{3}\lambda^3 + \frac{1}{5}\lambda^5 + \dots \qquad \frac{1}{3+\lambda^2} = \frac{1}{3} - \frac{1}{9}\lambda^2 + \frac{1}{27}\lambda^4 \dots$$

En négligeant les puissances supérieures à λ^4, dans la substitution il vient

$$0 = \frac{V}{3}\lambda^2 - \frac{1}{45}(4+5V)\lambda^4 \dots$$

en supprimant le facteur commun λ^2, et omettant encore le produit de V par λ^2, il reste $\lambda^2 = \frac{15}{4}V$ pour le cas d'un sphéroïde très-peu aplati. On peut prendre pour cet aplatissement $\frac{1}{2}\lambda^2 = \frac{15}{8}V$, ν^2 pour la force centrifuge à l'équateur, et dans les mêmes limites d'approximation, $\frac{4}{3}\pi\rho f$ pour la pesanteur en un point quelconque de la surface.

Le rapport de ces deux dernières forces sera de cette manière :

$$\frac{\nu^2}{\frac{4}{3}\pi\rho f} = \frac{\nu^2}{2\pi\rho f}\cdot\frac{3}{2} = \frac{3}{2}V;$$

mais l'aplatissement étant $\frac{15}{8}$ V, on arrive à ce théorème connu : *quand un fluide homogène peu différent* de la sphère tourne lentement autour d'un axe fixe, son aplatissement aux pôles est fort approximativement égal à cinq fois la force centrifuge à l'équateur divisé par quatre fois l'attraction à la surface.

La seconde valeur de λ étant au contraire très-grande, on emploie le développement suivant :

$$\text{Arc tang}\,\lambda = \frac{\pi}{2} - \text{arc tang}\,\frac{1}{\lambda} = \frac{\pi}{2} - \frac{1}{\lambda} + \frac{1}{3}\frac{1}{\lambda^3} - \frac{1}{5}\frac{1}{\lambda^5} + \dots \qquad \frac{1}{\lambda^2+3} = \frac{1}{\lambda^2} - \frac{3}{\lambda^4} + \dots$$

et en substituant dans l'équation (*c*), on obtient par le retour des suites

$$\lambda = \frac{\pi}{2V} - \frac{8}{\pi} + \frac{6V}{\pi}\left(1 - \frac{64}{3\pi^2}\right) + \dots$$

L'ellipsoïde de révolution que nous avons obtenu pour limite de la série d'ellipsoïdes à trois axes inégaux qui conviennent aussi à l'équilib.e doit se trouver compris parmi les précédents.

En effet, si nous remontons au n° 14, et que nous ajoutions à la valeur V_σ deux fois l'expression désignée par $F(s)$, nous obtiendrons identiquement la valeur générale précédente de V. Si d'ailleurs on fait dans cette dernière $V=V_\sigma=0,18711$ on obtient $\lambda=0,5297$.

L'ellipsoïde appartient ainsi à la série qui a les plus petites excentricités.

21. Quand la constante V sera supérieure à la limite V_0, il ne faudra pas conclure que la figure permanente n'est pas possible ; elle pourrait être une figure non de révolution dont la forme s'écarterait sensiblement de la sphère ; il se pourrait même que V surpassât à l'origine cette limite supérieure, et que pourtant la figure de l'équilibre finît par être un ellipsoïde de révolution, car on comprend qu'en s'aplatissant de plus en plus la masse prendra une vitesse de rotation successivement plus faible, et la ténacité retenant les parties, après un grand nombre d'oscillations elle pourra parvenir enfin à un état de mouvement compris entre les limites précédentes ; alors sa figure deviendra permanente.

Il y a donc à rechercher si pour toute force primitive il y a une figure elliptique de révolution qui convient à l'équilibre, et s'il y en a une seule. Si on désigne encore par Q, la constante $\left(\frac{15}{4}\right)^2\frac{\mu^2}{2f\pi^3\rho^3}$ où μ est le moment des forces primitives par rapport à l'axe de figure qui est devenu celui de la rotation, il viendra :

$$Q=\frac{4}{s^4}V=4(1+\lambda^2)^4V,$$

et les équations (c) deviennent :

$$Q=\frac{4(1+\lambda^2)^4}{\lambda^3}\left\{(3+\lambda^2)\,\text{arc tang}\,\lambda-3\lambda\right\}\;\ldots\ldots\;\frac{3\lambda+\dfrac{Q\lambda^3}{4(1+\lambda^2)^4}}{3+\lambda^2}-\text{arc tang}\,\lambda=0\ldots\ldots\;(c')$$

On reconnaîtra comme précédemment que le premier membre de (c') pour de très-petites valeurs de λ prend le signe positif, et si ensuite on l'écrit sous la forme

$$\frac{3+\dfrac{Q}{4\left(\dfrac{1}{\sqrt{\lambda}}+\sqrt{\lambda}\right)^4}}{\dfrac{3}{\lambda}+\lambda}-\text{arc tang}\,\lambda,$$

on reconnaîtra que pour des valeurs très-grandes de λ elle se réduit au dernier terme qui est négatif. Ainsi l'équation (c') admet, nécessairement, *quel que soit* Q, *une racine réelle comprise entre* o *et* $\frac{1}{0}$, et *pour tout système primitif de forces appliquées à la masse, il y a une figure elliptique de révolution avec laquelle l'équilibre est possible.* Y en a-t-il plusieurs ?

22. Soit

$$\varphi = \frac{3\lambda + \frac{Q\lambda^3}{4(1+\lambda^2)^4}}{3+\lambda^2} - \text{arc tang}\,\lambda$$

l'ordonnée d'une courbe dont l'abscisse est λ. Les valeurs de λ pour lesquelles la tangente est parallèle à l'axe de ces coordonnées sont données par $\frac{d\varphi}{d\lambda}=0$; or

$$\frac{d\varphi}{d\lambda} = \frac{(3+\lambda^2)\left\{3+\frac{Q}{4}\frac{d}{\lambda}\frac{\lambda^5}{(1+\lambda^2)^4}\right\} - 2\lambda^2\left(3+\frac{Q}{4}\frac{\lambda^2}{(1+\lambda^2)^4}\right)}{(3+\lambda^2)^2} - \frac{1}{1+\lambda^2},$$

et comme $\frac{d}{d\lambda}\frac{\lambda^3}{(1+\lambda^2)^4} = \frac{\lambda^2(3-5\lambda^2)}{(1+\lambda^2)^5}$, il viendra après quelques réductions :

$$\frac{d\varphi}{d\lambda} = \frac{\lambda}{(3+\lambda^2)^2(1+\lambda^2)^5}\left\{\frac{3}{4}Q - \left((4+\frac{7}{2}Q)\lambda^2 + (16+\frac{7}{4}Q)\lambda^4 + 24\lambda^6 + 16\lambda^8 + 4\lambda^{10}\right)\right\}.$$

En écartant les racines nulles ou infinies, les valeurs cherchées sont données par l'expression entre parenthèses égalée à zéro. Or, pour $\lambda=0$ elle se réduit à la quantité positive $\frac{3}{4}$ Q, tandis que pour $\lambda=\frac{1}{0}$ elle est négative ; elle admet donc au moins une racine réelle plus grande que o, mais d'après sa forme elle ne peut en avoir qu'une puisque quand λ croît la partie positive reste constante, la partie négative croissant aussi. D'après cela, la courbe $\varphi=0$ qui coupe l'axe des abscisses positives en un certain point, ayant une seule fois une direction parallèle à cet axe, ne peut le couper aussi qu'une fois. Ainsi l'équation (c') n'admet qu'une seule racine positive réelle, *quel que soit* Q, et *pour chaque système de forces primitives il y a une figure elliptique de révolution qui convient à l'état permanent, mais il n'y en a qu'une.*

23. Voici les théorèmes fondamentaux établis dans cette thèse :

1° Quand une masse fluide homogène, différant très-peu de la sphère, est animée d'un mouvement uniforme de rotation autour d'une ligne passant par son centre de gravité, sa figure permanente ne peut être qu'un ellipsoïde de révolution autour de l'axe de rotation.

2° Pour chaque système de forces primitives, il y a toujours une forme elliptique de révolution qui convient à l'équilibre d'une masse semblable; mais il n'y en a qu'une seule, bien que pour chaque vitesse actuelle, comprise entre o et une certaine limite calculable, on puisse donner à la masse deux ellipsoïdes à équateur circulaire qui seraient permanents.

3° Si on embrasse les figures qui s'écartent déjà sensiblement de la sphère, et que l'on cherche à priori tous les ellipsoïdes qui peuvent convenir à l'équilibre d'une masse soumise primitivement à des forces données, on trouve pour des vitesses comprises entre o et une certaine limite qui correspond à $\frac{v^2}{2f\pi\rho}=0,18711$ un ellipsoïde non de révolution dont l'axe de figure croît successivement ainsi que l'axe moyen, tandis que le plus grand décroît, et deux figures de révolution, dont les excentricités décroissent pour l'une jusqu'à une certaine limite en même temps qu'elles croissent pour l'autre jusqu'à la même limite, l'axe de figure croissant aussi pour la première et décroissant pour l'autre : pour la limite $\frac{v^2}{2f\pi\rho}=0,18711$ l'ellipsoïde à trois axes dégénère dans un ellipsoïde de révolution appartenant à la seconde des séries précédentes. Si on fait croitre v au delà de cette limite, il n'y a plus que les deux séries de figure de révolution qui se réunissent elles-mêmes en une seule pour $\frac{v^2}{2f\pi\rho}=0,2246$, et pour des vitesses plus grandes encore, la figure permanente ne peut plus appartenir aux ellipsoïdes.

4° Quand $\frac{v^2}{2f\pi\rho}$ passe de o à 0,18711, le moment des forces primitives varie depuis $\frac{1}{0}$ jusqu'à une certaine limite calculable, et au delà de laquelle il n'y a plus de figures elliptiques à trois axes qui puissent convenir à l'état permanent.

24. Quelle figure l'analyse précédente indique-t-elle pour le cas limite où la masse fluide est en repos? Il y a, pour cette recherche, à introduire $V=0$ dans l'équation (c) et dans la valeur de V du n° 16. La dernière donne $s=1, t=0$; l'axe, dirigé selon OX, est égal à l'unité comme l'axe de rotation, et l'autre est infini; la première fournit $\lambda=0$, $\lambda=\frac{1}{0}$ ce qui entraîne $s=t=1$ ou $s=t=0$, les trois axes sont égaux, ou bien les deux diamètres de l'équateur sont infinis.

Voilà donc trois formes permanentes pour une masse fluide homogène en repos abandonnée à l'attraction newtonienne de ses parties :

La sphère; un disque circulaire à base infinie et à hauteur finie dirigée selon l'axe qui doit devenir celui de la rotation ; un cylindre droit à base circulaire finie selon cet axe avec une hauteur infinie. Ces formes s'altèrent lentement, tant que la vitesse uniforme autour de l'axe est très-faible, puis la sphère et le disque donnent les deux séries d'ellipsoïdes de révolution, dont les excentricités croissent pour l'une et décroissent pour l'autre jusqu'à devenir égales; dans la troisième forme la base circulaire se change en une ellipse de plus en plus excentrique dont le petit axe (qui est celui de la rotation) croît ainsi que l'autre qui est devenu le diamètre moyen de l'équateur; l'axe du cylindre est au contraire le grand axe de cet équateur, il décroît successivement, l'excentricité de l'équateur diminue, elle est nulle quand la vitesse atteint la valeur $\frac{v^2}{2f\pi\rho}=0,18711$, et dans ce second cas limite la figure est devenue un sphéroïde de révolution qui rentre dans les séries précédentes.

Pour $V=\frac{v^2}{2f\pi\rho}=0,0029972$ qui convient à la vitesse et à la densité moyenne du globe terrestre, ces trois séries de formes deviennent : 1° $a=b=1,004344$; 2° $a=b=680$; 3° $a=19,574$ avec $b=1,01796$. Tous les corps du système planétaire, à l'exception de l'anneau de Saturne considéré comme satellite, rentrent dans la première de ces figures, mais on sait que certaines particularités dans l'éclat variable des étoiles dites périodiques et temporaires ont déjà fait soupçonner que leur figure s'écarte très-sensiblement de cette forme, et se rapproche peut-être des autres.

Vu et approuvé la présente thèse de mécanique,

Le 24 juillet 1843,

Le Doyen de la Faculté,

DUMAS.

Permis d'imprimer,

L'inspecteur général des études, chargé de l'administration de l'Académie de Paris,

ROUSSELLE.

THÈSE

D'ASTRONOMIE.

Sur les réfractions astronomiques.

PROGRAMME.

N° 1-3. *Introduction.* Des lois générales de la réfraction ordinaire et de la puissance réfractive d'un milieu réfringent. On définit les réfractions astronomiques et on expose la manière de construire *expérimentalement* une table de réfractions moyennes pour chaque localité. Tables de Bradley, de Lacaille, de M. Bessel.

N° 4. On énonce le problème dans sa compréhension analytique la plus étendue et on examine les divers éléments météorologiques qui ont de l'influence sur les réfractions. — On ne possède pas actuellement des relations en nombre suffisant et d'une généralité assez étendue entre ces éléments pour que la solution générale soit possible.

N° 5, 6. Discussion des équations actuellement connues entre ces éléments, et examen des lois générales que fournit l'observation sur la constitution des couches inférieures de l'atmosphère. — Conditions auxquelles toute constitution hypothétique devra satisfaire.

N° 7. Nécessité de restreindre le problème à la recherche d'une formule approximative. — Mode de solution proposé par M. Biot.

N° 8. *Sommaire de la partie analytique.* Méthode de M. Biot; ses conséquences, ses avantages.

N° 9. Méthode de M. Ivory; restrictions essentielles qu'elle comprend tacitement.

N° 10, 14. Analyse des méthodes de D. Cassini, de Brook-Taylor, Bouguer, Thomas Simpson. — De l'intégration exacte et plus complète de Kramp

N° 15. Hypothèses diverses de Laplace. — Leur rapport avec les précédentes et avec les exigences de la nature.

N° 16. *Remarques générales* sur la comparaison des diverses méthodes, sur le calcul des réfractions au-dessous de l'horizon, etc., etc.

INTRODUCTION.

1. Lorsqu'un rayon lumineux sortant du vide ou d'un milieu pondérable dont la densité est uniforme, se présente à la surface de séparation d'un milieu de densité différente, il est dévié de sa direction rectiligne actuelle; lorsqu'il aura pénétré une profondeur sensible, la nouvelle droite qu'il décrira, si ce milieu est homogène, sera toujours comprise dans le plan mené par la direction de l'incidence et par la normale au point d'entrée à la surface de séparation, elle fera avec cette normale un angle plus petit ou plus grand que celui de l'incidence, selon que la seconde substance sera plus dense ou moins dense que la première, et il y aura un rapport constant pour les deux mêmes milieux entre les sinus de ces angles.

Ces lois de la réfraction ordinaire s'expliquent également dans l'une ou dans l'autre des deux hypothèses que les physiciens ont admises jusqu'ici pour lier entre eux les phénomènes lumineux.

Dans le système de Newton, la matière pondérable du milieu exerce sur l'émanation matérielle dite impondérable qui constitue le rayon lumineux une attraction sensible seulement quand les distances sont insensibles, la même dans tous les sens autour de chaque point si le milieu est homogène, et dont la résultante au point d'incidence est dirigée selon la normale à la surface de séparation. Cette attraction accélère la marche du rayon, et on prouve que si 1 est sa vitesse dans le vide, dans un milieu homogène de densité ρ elle sera $\sqrt{1+4K\rho}$, K étant un nombre constant pour le même corps dans toutes les variations de sa densité qui n'entraînent pas un changement d'état, c'est-à-dire pourvu que de solide, par exemple, il ne devienne pas liquide ou aériforme : de plus le rapport du sinus de l'incidence au sinus de la réfraction pour ce rayon qui pénètre du vide dans la substance, est celui de la vitesse constante qu'il a acquise lorsqu'il est parvenu à une profondeur sensible à celle qu'il avait dans le vide, ou autrement l'indice de réfraction i, est égal à ce rapport de vitesse, et l'on a $i^2-1=4K\rho$; cette quantité $4K\rho$ qui mesure ainsi l'action intégrale de la matière du milieu sur l'émanation lumineuse pour accélérer sa marche et produire la réfraction, est appelée *la puissance réfractive du corps*. Son rapport à la densité actuelle $4K=\frac{i^2-1}{\rho}$ conservant exactement la même valeur d'après les expériences nombreuses et variées des physiciens les plus distingués tant que le corps conserve son même état, peut servir à mesurer l'effet produit par la substance indépendamment des variations de sa densité.

Dans la théorie d'Huyghens et de Fresnel, chaque système d'ondes provenant des ébranlements des particules du luminaire se propage dans l'éther du vide et lorsque l'ondulation atteint la surface de séparation d'un milieu pondérable, les particules du fluide éthéré appartenant aux couches voisines du vide et de la substance se choquent comme des corps élastiques ; l'onde incidente donne lieu à deux ondes dont les centres communs d'ébranlement sont les diverses particules éthérées de la couche limite du milieu pondérable; l'une est une onde réfléchie qui retourne dans le vide, l'autre se propage dans l'éther du milieu choqué, elle représente en petit l'onde incidente, mais avec une vitesse de propagation plus faible puisqu'il y a eu perte de force vive. C'est ce mouvement ondulatoire interne qui produit la lumière réfractée, et on établit sans peine que le rapport du sinus d'incidence au sinus de réfraction est précisément le rapport direct des vitesses de propagation v, u, dans le vide et dans le milieu matériel $i = \frac{v}{u}$. L'effet intégral du milieu pour altérer le mouvement ondulatoire incident et produire la réfraction, a pour mesure naturelle le rapport $\frac{v^2 - u^2}{u^2}$ entre la perte de force vive qu'il a occasionnée et la force vive du mouvement résultant, et il se trouve que ce rapport ou *la puissance réfractive* a encore pour expression : $i^2 - 1 = 4K\rho$ comme dans la première hypothèse.

2. La couche atmosphérique qui enveloppe la terre agira comme la substance matérielle du N° précédent pour dévier le rayon lumineux qui se présentera pour la traverser. Si l'atmosphère était homogène, comme D. Cassini l'avait supposé, la réfraction s'accomplirait tout entière près de la surface limite et l'observateur rapporterait le point éclairant dans la direction prolongée de ce rayon rectiligne réfracté; mais dans l'atmosphère, la densité décroît à mesure que l'on s'élève; cette dégradation se soutient jusqu'aux plus grandes hauteurs que l'homme ait pu atteindre, et il est admissible qu'elle continue dans les régions supérieures; peut-être dans ces couches lointaines, la composition du milieu ou sa nature change-t-elle également, mais comme toutes ces variations sont dues à des actions naturelles, elles doivent sans doute être soumises à la loi générale de la continuité. Ainsi si l'on conçoit l'air en équilibre, que l'on fasse abstraction des agitations accidentelles ou permanentes, des mouvements locaux réguliers ou subits qui mêlent incessamment sa masse, on pourra le regarder comme formé de couches fort minces superposées de même figure que le noyau terrestre, c'est-à-dire à peu près sphériques et ayant son centre pour centre commun : chaque couche sera homogène dans toute son étendue, et la puissance réfractive croîtra d'une manière continue depuis la surface supérieure limite jusqu'à l'enveloppe

terrestre. — Le rayon qui traversera ce système sera donc incessamment dévié, il se rapprochera en chaque point, du rayon de la couche, et la trajectoire qui apportera l'impression lumineuse à l'observateur sera curviligne. Ainsi la position apparente de l'objet éclairant sera sur le prolongement du dernier élément de cette courbe, et l'angle de cette tangente avec la verticale de l'observateur sera la distance zénithale apparente $\theta_{,}$; la distance vraie au zénith serait l'angle formé avec la même verticale par la droite menée de la station O à l'astre; mais comme on établira que la trajectoire est très-peu courbe, et que l'angle des tangentes extrêmes, pour toute l'étendue qu'elle comprend, depuis l'observateur jusqu'à la limite où elle devient rectiligne, n'atteint jamais 40°, cette dernière droite peut être regardée comme parallèle à la tangente menée à l'extrémité supérieure. Alors la déviation est mesurée par l'angle aigu des tangentes extrêmes, c'est-à-dire par la somme des inflexions successives de la tangente dans tout le cours de la courbe, depuis son entrée dans le milieu jusqu'à la station; cet angle est ce que l'on appelle la réfraction astronomique du rayon lumineux.

D'après ce qui a été dit de l'action du milieu sur la lumière, il est manifeste que la réfraction sera comprise tout entière dans le vertical de l'observateur qui contient l'astre apparent, que son effet constant sera de diminuer les distances zénithales vraies, qu'elle sera nulle au zénith si les couches atmosphériques sont réellement terminées par des surfaces sphériques concentriques avec le noyau solide, et qu'elle croîtra de là jusqu'à l'horizon où elle atteindra son maximum.

La réfraction astronomique est donc liée à la distance zénithale apparente $\theta_{,}$ de l'astre; pour le même état de l'air et la même station, elle ne dépend que de cet angle, et sa détermination analytique consiste à trouver la fonction algébrique générale qui la donnerait dans ces conditions au moyen de cet élément immédiat de l'observation; il faut ensuite transformer cette formule en nombres et former une table qui puisse servir aux besoins fréquents de l'astronomie et de la navigation.

3. Cette table des réfractions qui ont lieu dans une station donnée et pour un certain état déterminé de l'air, peut être à la rigueur construite immédiatement par la simple observation, et sans le secours de la formule générale dont nous venons de parler, c'est même ainsi que l'on s'était procuré les premières.

En effet, l'ensemble de tous les phénomènes astronomiques, leur accord constant, et la simplicité des lois qu'ils indiquent relativement au mouvement diurne de la sphère céleste ont suffi, avant même que les théories aient été nettement et scientifiquement établies, pour légitimer et pour faire admettre comme une manière fictive, mais nette et complète de représenter les faits, ce mouvement diurne circulaire et uniforme de tous les astres autour de l'axe idéal des pôles du monde : or, du moment que les observations ont été assez exactes pour donner, à quelques secondes près, les mesures d'angle, les positions apparentes successives d'un même point lumineux, comparées à celles que les lois de ce mouvement assignaient, ont dû faire reconnaître des déviations qui ne pouvaient être attribuées qu'à l'influence de la couche atmosphérique.

Ainsi la demi-somme des deux hauteurs méridiennes h, h' d'une circompolaire, si elles étaient exactes, devrait reproduire la hauteur du pôle sur l'horizon de la station : si donc on applique ce théorème à deux circompolaires et que l'on trouve deux résultats sensiblement différents, c'est que les hauteurs h, h' ne répondent pas aux positions vraies de l'astre ; alors, en introduisant les différences ou les réfractions correspondantes à ces hauteurs comme des quantités proportionnelles à la cotangente de la hauteur, on se procure des relations d'où il est aisé de faire sortir le coefficient de cette proportionnalité pour chaque limitation de hauteur, et ensuite on dresse sans peine une liste des réfractions qui leur conviennent.

Pour de grandes distances zénithales on ne pourrait pas employer la loi de simple proportionnalité à la cotangente de la hauteur apparente, mais on a la méthode des angles horaires que l'on applique de préférence au soleil à l'époque des solstices.

C'est ainsi, selon Maskelyne, qu'opéra Bradley, et en examinant ensuite attentivement les résultats de ses observations il reconnut que toutes ses réfractions pouvaient être comprises dans une même formule en introduisant sous le signe tangente, avec la distance zénithale apparente θ_1, un petit terme soustractif fonction de la réfraction elle-même, et qui empêchât la formule de simple proportionnalité de donner un résultat infini pour la trajectoire horizontale.

Cette formule était $r = A \tan(\theta_1 - nr)$, et la comparaison qu'il en fit avec l'observation directe lui fournit les valeurs des deux constantes, ainsi que les corrections qu'il y avait à y introduire quand la température et la pression s'écartaient de l'état moyen hypothétique.

La formule ainsi préparée fut admise et pendant fort longtemps exclusivement employée par tous les praticiens. Ses défauts résultent de certaines suppositions sur la constitution du milieu réfringent qu'elle comprend tacitement et qui limitent son emploi, comme on l'établira par la suite, à des distances zénithales inférieures à 75°.

Parmi les méthodes directes expérimentales pour former une table des réfractions moyennes, il faut remarquer la plus ingénieuse, la plus sûre et la plus commode de toutes, si elle n'exigeait pas des observations faites dans deux lieux fort distants l'un de l'autre en latitude; je veux parler de celle qu'employa Lacaille, et qui lui a fourni une table aussi parfaite que nos meilleures lorsqu'on a corrigé tous les nombres de l'erreur constante de son sextant.

Les réfractions publiées par M. Bessel dans les *tabulæ regiomontanæ* pour les distances supérieures à 85°, ne contiennent aussi que les résultats de ses propres observations; la table qu'il avait donnée en 1823 pour les distances inférieures, avait été obtenue à la manière de Bradley par l'emploi d'une formule hypothétique incessamment comparée à l'observation directe; de sorte qu'on peut la regarder encore comme essentiellement expérimentale.

Le soin extrême que M. Bessel a mis dans la formation de ces deux tables, et la précaution qu'il a introduite de prendre, pour chaque distance zénithale, une moyenne de nombreuses réfractions obtenues dans des états de l'air différant sous tous les rapports météorologiques, et comprenant jusqu'à une certaine amplitude toutes les circonstances possibles autour de l'état moyen qui convient à sa station, en font un recueil précieux et qui sert de terme de comparaison pour toutes les tables analogues.

4. S'il était possible, en partant de données physiques exactes sur l'atmosphère, d'établir rigoureusement *la formule analytique complète qui lie la réfraction à la distance zénithale apparente, à la distance de la station au centre des couches et aux divers éléments météorologiques, fournis par les instruments au lieu de l'observation, dans l'état moyen de l'air*, il est évident que la table que l'on en déduirait serait préférable à toutes celles que peut donner l'observation toujours sujette à l'erreur : elle aurait, en outre, l'avantage précieux de se plier, par de simples changements dans les valeurs numériques des constantes, aux variations des éléments météorologiques autour de l'état moyen dans chaque localité et même dans les localités différentes; ce qui permettrait de comparer les résultats avec bien plus de confiance que lorsqu'ils ont été déduits de formules arbitraires fournies par des principes tout à fait différents, et qui ne représentent que très-imparfaitement les conditions réelles de la nature.

Dans cette recherche on ne peut évidemment avoir en vue que les réfractions moyennes, c'est-à-dire *celles qui se produisent dans une certaine atmosphère fictive dont l'état déterminé et permanent, pour chaque localité, serait comme une moyenne autour de laquelle oscillerait l'atmosphère mobile vraie dans ses changements multiples et incessants.* Quelles sont les données physiques exactes fournies par l'observation, aidée de l'analyse, sur la constitution de cette atmosphère, milieu permanent entre toutes les atmosphères variables? Voilà la première question à traiter.

Si l'on suppose la terre sphérique, que l'on partage le milieu gazeux qui l'enveloppe en couches fort minces, ayant pour centre commun celui de la terre, et que, sur le prolongement du rayon qui aboutit au lieu de l'observation, autour de ce rayon comme axe, on conçoive un petit filet cylindrique appuyé sur la surface, et s'étendant jusqu'à la limite de l'atmosphère; en chaque point de ce petit filet il y a à considérer : sa distance r au centre des couches, sa température t, sa densité ρ, sa force élastique p, et la portion π qui appartient à la vapeur aqueuse; enfin la puissance réfractive $4K\rho$ qui convient à la constitution de cette couche : les données physiques nécessaires à connaître seraient donc les cinq relations générales qui existent entre la première de ces quantités regardée comme variable indépendante, et les autres qui en sont certainement des fonctions. Or nous ne connaissons que deux de ces relations : la première est l'équation différentielle de l'équilibre du filet; en appelant a le rayon de la station où l'on observe, $g_{,}$ la gravité correspondante, et en négligeant l'action de la masse d'air comprise entre la couche du rayon a et celle qui répond au rayon quelconque r et à la densité ρ, elle peut s'écrire :

$$dp = -g_{,} \frac{a^2}{r^2} \rho dr. \qquad (1)$$

L'autre est déduite de la loi de Mariotte sur la compressibilité des mélanges de vapeurs et de gaz, et de celle de M. Gay-Lussac sur leur dilatation par la chaleur; on lui donne la forme

$$\rho = \frac{h\left(1 - \frac{3}{8} \times \frac{\pi}{p}\right)(\rho)}{0^m,76\,(1 + \varepsilon t)}, \qquad (2)$$

où (ρ) est la densité de l'air sec à $0°$c. du thermomètre sous une pression mesurée par une colonne de mercure égale à $0^m,76$ et sous l'influence de la pesanteur g qui a lieu dans la couche que l'on considère; h est la colonne barométrique qui, ramenée à $0°$, mesure la pression p de l'air dans cette région; ρ sa densité; ε le coefficient de M. Gay-Lussac, et π la portion de la pression p, qui appartient à la vapeur aqueuse. Ces deux relations supposent en outre, quand on veut les appliquer à toute l'atmosphère, que les lois sur la compression et sur la dilatabilité des mélanges aériformes que l'expérience donne en vase clos, et qui se vérifient dans les couches inférieures, subsistent encore dans les régions lointaines où les conditions sont très-différentes, comme on va le voir; mais si on les restreint aux hauteurs pour lesquelles elles ont été vérifiées, elles fournissent sur la constitution de ces couches des données physiques générales qu'il est important de bien apprécier.

5. D'abord l'équation de dilatabilité s'applique à la station d'observation, et en désignant par la notation : g_1, p_1, h_1, ρ_1, $(\rho)_1$, t_1, π_1, les éléments météorologiques qui s'y rapportent, elle devient:

$$\rho_1 = \frac{h_1\left(1 - \frac{3}{8}\frac{\pi_1}{k}\right)(\rho)_1}{0{,}76\,(1+\varepsilon t_1)},$$

Puis, en se conformant à ce qui se trouve établi dans les traités de physique, et avec plus de netteté et de rigueur dans la première partie du beau Mémoire de M. Biot sur les réfractions, on en déduit :

$$p_1 = \rho_1 g_1 l = 100\varepsilon\pi_1 + g_1\lambda(1+\varepsilon t_1)\rho_1,$$

l est la hauteur d'une colonne fictive d'air identique avec celui de la surface, et qui ferait équilibre à la pression p_1 qui s'y observe actuellement, λ la valeur que prend l quand cet air est supposé sec et à la température $0^{oc.}$, et $g_1\lambda$ une constante dont la valeur numérique est le produit de $7951,^{m}12$ par la gravité G de Paris. Pour une station quelconque prise dans les couches on a donc :

$$p = 100\varepsilon\pi + g_1\lambda(1+\varepsilon t)\rho, \qquad (3)$$

et par suite l'équation

$$\frac{(p - 100\varepsilon\pi)\,\rho_1}{(p_1 - 100\varepsilon\pi_1)\,\rho} = \frac{1+\varepsilon t}{1+\varepsilon t_1},$$

devra être vérifiée pour toutes les couches.

Ainsi nous devons déjà conclure que la relation admise ordinairement entre les pressions, les densités et les températures $\frac{p\rho_1}{p_1\rho} = \frac{1+\varepsilon t}{1+\varepsilon t_1}$ n'est *vraie que dans deux cas hypothétiques :* 1° si l'on suppose $\pi = \pi_1 = 0$, c'est-à-dire si l'air est parfaitement sec; 2° si $\frac{\pi}{p} = \frac{\pi_1}{p_1}$, et comme on a toujours entre la densité de l'air sec et celle de l'air humide $(\rho) = \frac{\rho}{1 - 100\varepsilon\frac{\pi}{p}}$, il en résulterait $\frac{\rho}{\rho_1} =$ une constante, c'est-à-dire que l'air aurait partout même composition en vapeur et en gaz. Cette conséquence n'est pas admissible pour les régions supérieures et elle restreint en outre la quantité d'humidité que peut avoir la couche inférieure, car il est facile de faire voir que si l'on supposait dans cette dernière la vapeur aqueuse à son maximum de tension, la constance du rapport $\frac{\pi}{p}$ ferait décroître la quantité d'humidité trop lentement, pour que dans les couches un peu élevées (dans celles dont la température est inférieure de 1° par exemple), la vapeur pût conserver une tension plus faible que le maximum relatif à sa température ; toutefois cette dernière impossibilité n'existe pas quand la tension au point le plus bas est prise égale à la moitié de sa valeur maximum, comme cela semble assez convenir à un état moyen de l'air dans nos climats.

Si on combine l'équation précédente (3) avec celle qui se rapporte à l'équilibre du filet, on obtient

$$\frac{dp}{p - 100\iota\pi} = -\frac{1}{\lambda(1+\varepsilon t)} \cdot \frac{a^2}{r^2} dr. \qquad (4)$$

Quand les fonctions générales p, π, t, auront été déterminées ou seront données en r, elles seront assujetties à vérifier cette équation différentielle. Mais indépendamment de la connaissance de ces fonctions, les relations générales (1) et (3) fournissent une condition importante entre les accroissements de ces fonctions à l'origine et celui de la densité.

Si on différentie l'équation (3) par rapport à r, en ayant égard à la relation (1) qu'on applique ensuite à la station inférieure et que l'on remplace $g_1 \times \rho_1$ par $\frac{p_1}{l}$, on obtient :

$$\lambda(1+2t)\frac{\left(\frac{d\rho}{dr}\right)_1}{\rho_1} = -\left\{1 + \lambda\varepsilon\left(\frac{dt}{d\varepsilon}\right)_1 + \frac{100\iota l}{p_1}\left(\frac{d\pi}{dr}\right)_1\right\},$$

et à cause de $\pi = \frac{(p_1)if_t}{0^m,76}$, où (p_1) est la pression exercée sur l'unité de surface, par une colonne de mercure égale à $0^m,76$ sous l'influence de la gravité g_1 de la station, i le rapport hygrométrique et f_t la colonne de mercure qui, réduite à $0^{mc.}$, mesure la tension maxima de la vapeur pour la température t_1 et la gravité g_1 de cette même station, il vient en posant $if_t = \varphi$:

$$\lambda(1+\varepsilon t_1)\frac{\left(\frac{d\rho}{dr}\right)_1}{\rho_1} = -\left\{1 + \lambda\varepsilon\left(\frac{dt}{dr}\right)_1 + \frac{100\iota l}{h_1}\left(\frac{d\varphi}{dr}\right)_1\right\}, \qquad (5)$$

λ, ε, l, h, sont connus, $\left(\frac{d\varphi}{dr}\right)$, $\left(\frac{dt}{dr}\right)$ se déduiront de l'observation immédiate des éléments t, f_t dans la couche inférieure et à une petite hauteur accessible aux instruments ; on pourra donc calculer sans peine la valeur numérique du second membre, c'est-à-dire *la loi du décroissement initial de la densité*, et il faudra astreindre à *cette loi, qui est l'élément le plus important des réfractions*, l'expression générale qui liera ρ à r. Cette loi du décroissement initial de la densité varie avec la localité, et dans le même lieu avec les saisons; il faudra donc aussi faire varier les constantes dans la fonction ρ, quand on passera de l'atmosphère moyenne fictive à la réalité. Pour Paris, lorsque la couche inférieure est supposée à 10°c., et à moitié saturée de vapeur aqueuse, le calcul du second membre donne —0,82252.

Telles sont les conditions fournies par les deux équations générales de l'équilibre du filet et de la dilatabilité, quelles que soient les fonctions générales π, p, t, ρ.

6. Mais pour que la constitution du milieu réfringent soit complétement définie, il faudrait trois autres relations générales entre les élements météorologiques et la distance variable r; or, nos connaissances se bornent sur ce point difficile et pourtant essentiel à quelques résultats encore peu certains, peu arrêtés, à des observations faites dans des localités particulières, et qui n'embrassent point des conditions météorologiques assez différentes et assez variées. Ainsi des observations faites par M. Gay-Lussac dans son ascension, de celles de MM. de Humboldt et Boussingault sur les pentes du Chimboraço et de l'Antisana, d'autres qui sont dues aux membres de la commission scientifique du Nord et qui se rapportent au cap Nord et au Spitzberg, il semble résulter qne la température diminue à mesure que l'on s'élève, mais de quantités inégales pour la même épaisseur, et successivement croissantes; ce décroissement est d'ailleurs soumis à des irrégularités si nombreuses et si brusques dans la même localité, qu'aucune formule ne peut encore lier ces deux éléments. Cette même loi générale de décroissement accéléré avec la hauteur se remarque pour les densités et les pressions, et de plus celles-ci diminuent plus rapidement que les densités; cette dernière circonstance est importante, elle limiterait notre atmosphère par une surface où l'air devrait avoir perdu son ressort sous l'influence combinée d'un grand froid et d'une excessive rareté, et se serait constitué en une sorte de liquide non évaporable. Sa nature est donc complétement changée dans ces régions lointaines, et il n'est plus rigoureusement permis d'y appliquer les lois des couches faiblement élevées; et même dans la petite zone sonmise à nos investigations, il n'y a pas de loi générale, de formule entre les éléments s'étendant à toute l'épaisseur; tout ce qu'il est possible de faire se réduit à lier leur dégradation, celle des pressions, par exemple, à la température ou à la densité correspondante par

une expression parabolique du 2me degré, telle que $\frac{p}{p_1} = A\frac{\rho}{\rho_1} + B\left(\frac{\rho}{\rho_1}\right)^2$ et de déterminer expérimentalement les valeurs qu'on doit successivement attribuer aux constantes pour chaque limitation de hauteur dans chaque localité particulière.

La quantité K doit être regardée comme variable aussi avec la composition du fluide, différente peut-être chimiquement dans les couches supérieures et certainement différente pour la proportion de vapeur aqueuse dans les zones inférieures. On trouve en effet que cette quantité de vapeur d'eau va en diminuant à mesure que l'on s'élève, que cette diminution et très-rapide, est que le fluide aqueux devient insensible quand la densité de l'air est réduite à o, 38 de sa valeur à la surface terrestre; mais on ne peut pas formuler une relation générale entre π et r, et on est forcé d'avoir recours encore à des expressions paraboliques successives, analogues aux précédentes.

Il n'est guère possible non plus d'avoir une limite supérieure bien exacte de la hauteur à laquelle on doit terminer l'atmosphère; les phénomènes crépusculaires, la manière dont ces pâles lueurs naissent à l'orient, se lèvent successivement et disparaissent à l'horizon opposé, ont fourni à M. Biot, d'après les formules de Lambert, pour la hauteur des dernières particules d'air capables de réfléchir sensiblement la lumière, une limite de 40,000 à 50,000 mètres; d'un autre côté, si on construit la courbe qui représenterait la dégradation des densités comparées aux pressions dans les observations de M. Gay-Lussac ou dans celles de MM. de Humboldt et Boussingault, et si on suppose qu'à partir de la dernière couche explorée, la relation rectiligne qui convenait aux derniers résultats, continue, c'est-à-dire que la fonction qui exprime les pressions au moyen des densités soit telle que le décroissement des densités ne s'accélère plus, mais reste constant jusqu'à la limite, on trouve d'après M. Biot que la hauteur de la surface de séparation, où la pression est nulle et la densité extrêmement faible, est 47,300^m. Toute relation attribuée aux pressions qui accélérerait le décroissement des températures ou des densités, aurait pour effet nécessaire de resserrer les couches supérieures; il est donc peut-être permis de prendre 50,000^m pour une limite supérieure assez convenable de la hauteur de l'atmosphère.

Nous n'avons rien dit encore de la puissance réfractive $4K\rho$; à Paris, pour l'air sec, sa valeur, déterminée avec beaucoup de soin par différentes méthodes, a été trouvée $4\,(K)\,(\rho) = 0{,}000588768$; pour une station où la gravité sera g_1, on aura donc

$$4\,(K)\,(\rho) = 0{,}000588768.\,\frac{g_1}{G}.$$

En prenant de l'air humide, on avait d'abord trouvé exactement le même résultat que pour l'air sec, quand la température et la pression étaient les mêmes; plus tard, M. Arago a obtenu une petite différence, mais elle est excessivement faible : et sans erreur sensible on peut, pour le calcul des réfractions, écrire que la puissance réfractive de l'air humide est la même que celle de l'air sec considéré dans les mêmes conditions de pression et de température; alors si (K) (ρ) se rapportent à l'air sec, K, ρ à l'air humide actuel, on aura approximativement : $(K)(\rho) = K\rho$, ou bien

$$K = \frac{(K)}{1 - \frac{3}{8} \cdot \frac{\pi}{p}}. \qquad (6)$$

Voilà une nouvelle relation générale, elle exprime la loi de variation de K, pour les couches rapprochées de la surface terrestre; mais pour les régions lointaines, il y a probablement des variations plus compliquées qui naissent de circonstances multipliées et encore peu étudiées.

7. On doit conclure du résumé qui précède, qu'il est impossible de formuler actuellement des relations générales s'étendant à toute l'atmosphère entre les six éléments constitutifs qui sont à considérer en un point quelconque, et que trois seulement de ces fonctions sont assez exactement connues pour les couches voisines de notre planète. Ainsi le problème des réfractions ne peut être résolu sous le point de vue très-général que nous avions envisagé; mais, comme dans cette question, ce *sont surtout les relations initiales, pour ainsi dire, entre les éléments, celles qui ont lieu à la surface terrestre et successivement dans les couches voisines, qui ont une grande influence, et qu'on peut espérer que l'observation les fournira par la suite, on voit que s'il était possible de fractionner la trajectoire lumineuse pour évaluer séparément la portion de réfraction qui se rapporte à chaque partie, on pourrait espérer aussi d'évaluer exactement, en partant des données réelles et certaines de la nature, la déviation partielle produite par les couches inférieures.* Pour calculer l'autre, qui est très-peu sensible, comme on le sait déjà par les méthodes anciennes, on adopterait, si cela est nécessaire, les hypothèses qui seraient indiquées par la nature même des lois qui règlent la constitution des zones les plus basses, et les résultats de cette méthode seraient, au point de vue pratique, aussi excellents que tout ce que l'on pourrait demander à la formule analytique générale que l'on cherchait en premier lieu, en embrassant à la fois toute la trajectoire.

Cette méthode est celle que paraît avoir tentée Newton et que M. Biot a reprise, en la complétant et en lui faisant donner tout ce dont elle est susceptible, dans son beau mémoire inséré dans l'addition à la Connaissance des temps pour 1839. Si on la réunit à la méthode d'intégration générale qu'a suivie M. Ivory dans le dernier travail qu'il a fait paraître en 1840 sur les réfractions astronomiques, et où, en partant de la seule hypothèse d'une *composition uniforme de l'atmosphère en gaz et en vapeur* dans toute son étendue, il introduit entre la température et la densité une relation algébrique qui exprime la valeur de la première de ces quantités en une série de termes d'une forme telle, qu'ils produisent sur la réfraction des parties indépendantes rapidement décroissantes, et lui laissent en outre la facilité de plier, par le moyen de ses constantes, la loi hypothétique aux exigences que l'observation pourra imposer sur le décroissement initial et successif de cette température et des densités; si, dis-je, on réunit ces deux méthodes de M. Biot et de M. Ivory, on aura la solution la plus complète qui puisse être donnée actuellement du problème, puisque, sans s'arrêter au présent, elle laisse possibles toutes les modifications que nos connaissances futures sur l'atmosphère rendront indispensables.

L'objet principal de cette thèse est la discussion de ces deux méthodes, réduites à ce qu'elles ont d'essentiel; on leur comparera ensuite celles de Laplace, qui ont servi à la construction des tables françaises, et les principales parmi les plus anciennes. Dans cette comparaison, il sera facile de faire ressortir l'excellence des premières et surtout les avantages de la solution de M. Biot, ainsi que les hypothèses tacites ou ouvertes qui limitent l'étendue de toutes les autres et qui font rentrer la plupart dans les règles empiriques que les astronomes observateurs avaient formulées pour leur usage.

Sommaire de la partie analytique.

8. *Méthode de M. Biot.* Recherches des équations qui définissent le mouvement de la lumière dans le milieu réfringent. — Équations différentielles de la trajectoire et de la réfraction.

Calcul d'une relation remarquable entre les dérivées partielles de la réfraction prises par rapport à la distance zénithale apparente θ_i et par rapport au rayon de la station. — Applications et conséquences importantes déduites de cette relation quand $\theta_i = 90°$, ou *théorème de M. Biot*; applications à la trajectoire qui vient du zénith. — Ces deux théorèmes permettent de retrouver les constantes météorologiques que suppose facilement une table construite pour telle constitution définie de l'atmosphère.

Mode de variation de l'angle formé par la tangente à la trajectoire avec le rayon de la couche, et vérifications expérimentales.

Méthode des quadratures paraboliques approximatives pour calculer par portions successives la réfraction partielle qui s'opère dans les couches inférieures en ayant égard à leur état réel, c'est-à-dire sans hypothèse sur leur constitution.

A partir du point où l'intégration par interpolation parabolique ne peut plus être continuée, il existe pour tout le reste de la réfraction deux développements convergents qui fournissent deux évaluations, l'une trop forte, l'autre trop faible, de cette partie supplémentaire *dans toute conception imaginable des régions supérieures de l'atmosphère, pourvu qu'elle soit compatible avec la sphéricité des couches et la continuité dans la dégradation des pouvoirs réfringents, des pressions et des températures.* — Principe et calcul numérique de ces deux évaluations. — Expression de la limite de l'erreur qui correspond à chaque distance zénithale apparente et conséquences remarquables relatives aux réfractions très-voisines de l'horizon. Toutes les constitutions hypothétiques d'atmosphères qui donnent sensiblement les mêmes lois de décroissement des éléments à l'origine et dans les couches voisines, doivent fournir *les mêmes réfractions depuis* 0° *à* 75° *du zénith*, quelles que soient d'ailleurs l'étendue qu'elles attribuent à l'atmosphère et la composition qu'elles assignent aux régions élevées.

Résumé de la méthode de M. Biot; son caractère propre et ses principaux avantages.

9. *Méthode de M. Ivory.* Examen des deux relations admises par M. Ivory dans son travail de 1823, entre les densités, les températures et la hauteur des couches. Elles ne suffisent pas pour représenter les conditions de la nature même prés de la surface. — Les lois hypothétiques introduites dans le mémoire de 1840 sont plus complètes, et permettent *théoriquement* de plier la méthode à toutes les exigences de la nature sur l'état de l'atmosphère moyenne fictive qu'il considère au moins dans les régions inférieures.

Relations analytiques remarquables entre les constantes de la formule et les dérivées de la variation des températures par rapport à l'épaisseur des couches et à la variation des densités. Calcul de deux développements de la hauteur de chaque couche en fonction des variations des températures. — Dans le cas de l'air sec, on en déduit très-simplement la valeur numérique de la constante principale et la formule ordinaire pour la mesure des hauteurs par le baromètre. — Modifications et *restrictions* à introduire dans l'expression des constantes quand l'air est humide.

Calcul des réfractions dans un air sec. Transformation de l'intégrale définie qui exprime la réfraction. — On peut la développer en série régulière susceptible d'être étendue aussi loin qu'on le voudrait; mais il est permis de la limiter à quatre termes, dont chacun est exprimé par une intégrale définie. — Application à l'horizon.

Développement de l'intégrale qui exprime le premier terme en une série assez convergente pour être limitée aux 11 premiers termes. — Vérifications à posteriori. — Les trois autres intégrales se ramènent à celles-là.

Calcul de la formule générale. — On peut la réduire en tables en négligeant le développement du dernier terme, parce qu'il renferme un coefficient très-petit, que l'observation ne peut encore déterminer. — Correction partielle *incomplète* relative à la vapeur aqueuse; *restrictions tacites que suppose alors la formule.* Corrections plus complètes relatives aux oscillations de la température et de la pression autour de l'état normal que suppose l'atmosphère moyenne fictive. Comparaison de la table numérique avec la table française et avec celle de M. Bessel, et limite de l'erreur que peut produire le terme négligé. — Examen comparé de la méthode de M. Biot et de celle de M. Ivory, et *restrictions essentielles* que suppose cette dernière sur la composition uniforme en gaz et en vapeur, sur l'invariabilité des constantes, sur l'extension à toute l'atmosphère des lois des couches inférieures.

Analyse des principales méthodes anciennes.

10. D. Cassini est le premier qui ait proposé une hypothèse pour évaluer théoriquement la réfraction à toute distance du zénith. Il admet la terre sphérique, et l'air formé d'un seul milieu réfringent de densité égale. Sa formule arrêtée aux premiers termes, est

$$R\theta_{,} = \alpha \operatorname{tang} \theta_{,} \left(1 + \alpha - \frac{\frac{h}{\alpha} - \frac{\alpha}{2}}{\cos^2 \theta_{,}}\right).$$

Elle comprend celle de Bradley, et comme on peut l'écrire

$$R\theta_{,} = \alpha \operatorname{tang} \theta_{,} \left\{1 - \frac{h}{a \cos^2 \theta} + \frac{\frac{\alpha}{2}(1 + 2\cos^2 \theta_{,})}{\cos^2 \theta_{,}}\right\},$$

elle revient exactement à celle que Laplace a déduite de l'équation différentielle sans aucune hypothèse de constitution, et qui a servi au calcul des tables françaises depuis 0 à 78° de distance zénithale.

11. Brook Taylor arrive par la considération des forces centrales à l'équation $d\theta = \frac{a \sin\theta_1 . du}{r\sqrt{1+\frac{a^2}{r^2}\sin^2\theta_1 u^2}}$, mais comme il a pris $u = \sqrt{\frac{1+\rho_1}{1+\rho}}$, c'est-à-dire la puissance réfractive égale à la densité, cette expression est inexacte. D'ailleurs il l'exprime en dr en se donnant la relation hypothétique du décroissement des densités en progression géométrique quand on s'élève de quantités égales $\rho = \rho_1 \, e^{-\frac{a}{l}\left(\frac{r-a}{r}\right)}$. L'intégrale de Taylor ne fut pas traduite en tables et resta sans usage.

12. Bouguer attribue l'effet de l'atmosphère pour dévier le rayon lumineux à une substance distincte de l'air pesant, et il représente la dilatation de cette matière réfractive par les ordonnées d'une courbe dont les distances des couches au centre sont les abscisses, et telles que l'on ait $y = ar^m$. Cela fait, il écrit que le sinus de l'incidence de la lumière en un point quelconque M est au sinus de la réfraction dans le rapport des ordonnées de la courbe en M, et au point infiniment voisin; d'où il déduit

$$d\theta_1 = \frac{ma \sin\theta_1 r^{m-2} dr}{\sqrt{1 - a^2 r^{2m-2} \sin^2\theta_1}}.$$

L'hypothèse de Bouguer revient à faire $y^m = a\sqrt{\frac{1+4k_1\rho_1}{1+k4\rho}}$, et comme, dans ce cas, le second membre est une différentielle exacte, on obtient immédiatement en intégrant par les arcs sinus,

$$R\theta_1 = \frac{1}{n}\{\theta_1 - \arcsin(m \sin\theta_1)\},$$

que l'on peut ramener à la règle de Bradley

$$R\theta_1 = A \operatorname{tang}\left(\theta_1 - \frac{n}{2} R\theta_1\right).$$

Dans cette méthode on peut assez facilement obtenir l'équation différentielle de la trajectoire, et, après un calcul d'approximation on arrive à ce théorème remarquable énoncé déjà par Bradley, que le *rapport entre chaque partie de réfraction correspondant à un arc de la trajectoire, et l'arc du grand cercle terrestre compris entre les rayons menés à ses extrémités, est constant.*

13. En supposant que les forces déviatrices centrales sont représentées par les

ordonnées d'une certaine courbe, et en exprimant que l'accroissement de la vitesse, dans un temps infiniment petit, est égal à l'espace parcouru dans le sens de la force divisé par le temps, Thomas Sympson obtient l'équation différentielle exacte. Sans l'intégrer il parvient, en discutant l'équation différentielle elle-même, et par une méthode d'approximations qui sont loin d'être légitimes, à la règle de simple proportionnalité, à la densité du milieu dans la couche d'observation, et à la tangente de la distance zénithale apparente, quand elle est inférieure à 75°.

Pour les petites hauteurs il introduit, sur la constitution du milieu, une relation algébrique (que l'on peut démontrer être la loi inexacte du décroissement des densités en progression arithmétique), et, après une série de calculs vaguement approchés, il retrouve la règle précédente de Bradley et de Bouguer.

14. Kramp établit le premier que l'*accroissement du carré de la vitesse de de la lumière, quand elle passe du vide dans un milieu pondérable, est exactement proportionnel à la densité de ce milieu*, et il obtient par la méthode aujourd'hui en usage l'expression exacte de $d\theta$. Il définit son milieu par l'hypothèse que les densités décroissent en progression géométrique quand les hauteurs croissent en progression arithmétique, et, par une méthode que l'on peut rendre beaucoup plus simple, plus régulière et plus complète, il développe cette différentielle en série, procédant selon les puissances ascendantes de tang θ_1; après des réductions assez légitimes, mais qui ne sont pas nécessaires pour le succès de la méthode, il calcule le terme général de l'intégrale, et en limitant son développement aux deux premiers termes, il écrit la formule très-simple :

$$R\theta_1 = \left(1 - \frac{l}{a}\right) \omega \operatorname{tang} \theta_1 - \left(\frac{l}{a} - \frac{\omega}{2}\right) \omega \operatorname{tang}^3 \theta_1 \ldots\ldots 1 + \omega = \sqrt{1 + 4K_1\rho_1}.$$

Les nombreuses réductions opérées sans qu'il soit possible d'en apprécier la portée ne permettent d'avoir confiance qu'à posteriori ; deplus son usage est borné de 0 à 75° du zénith, sur l'horizon elle cesse d'être convergente, et elle devient complétement en défaut.

15. C'est aussi la considération des forces centrales qui donne à Laplace l'équation différentielle exacte de la réfraction; pour l'intégrer il a introduit successivement différentes hypothèses :

1° Il admet une densité constante ; cette hypothèse est celle de Cassini, et, au moyen de l'équation de dilatabilité et de l'expression différentielle de la pression, on peut facilement faire voir qu'elle ne s'accorde ni avec les réfractions, qu'elle fait beaucoup trop faibles à l'horizon, ni avec les données physiques sur l'état de l'air : ainsi, par exemple, la différence des températures s'accélère en montant pour la même épaisseur six fois plus rapidement que ce qu'indique l'observation ; la hauteur de l'atmosphère serait 7951^m ou 6 fois trop faible ; les variations de la force réfringente d'une couche à la suivante sont nulles..., etc.

Cette hypothèse tout à fait en dehors de la nature, à fourni à Laplace une formule plus défectueuse encore que celle de Cassini, sans doute parce que les constantes ont été déterminées au moyen de propriétés physiques de l'air indépendantes des réfractions.

2° Il se donne, comme l'avait fait vaguement Bouguer, entre la puissance réfractive et la hauteur de la couche, une relation algébrique qui rende l'expression différentielle immédiatement intégrable, et il obtient une formule moins simple que celle de Bouguer et tout aussi défectueuse. En effet l'hypothèse analytique introduite, revient à admettre que la densité décroît en progression arithmétique avec la hauteur, et on peut encore montrer à priori que, tout en s'écartant moins des conditions réelles de la nature que la précédente, elle est loin de les remplir : ainsi la température devrait aussi décroître en progression arithmétique et de 1° c. pour 57^m, ce qui est trop; la hauteur de l'atmosphère serait le double de la précédente, et par conséquent à peu près le tiers de celle qu'indiquent les phénomènes crépusculaires; la force totale qui dévie la molécule lumineuse est constante au lieu d'être nulle, etc.; enfin elle donne aussi les réfractions trop faibles à l'horizon.

3° Ces deux hypothèses dont les résultats dans le même sens sont trop faibles à l'horizon, donnent au décroissement initial des températures, une valeur beaucoup plus forte que l'observation, c'est donc cet élément que l'on doit regarder comme influent pour faire accorder les réfractions horizontales théoriques avec l'observation, et il faut chercher une constitution qui ralentisse ce décroissement; or une limite de ce ralentissement est de le supposer nul ou la température constante. On peut faire voir à priori qu'une telle constitution, qui exige que les densités et les pressions décroissent en progression géométrique, quand les distances au centre croissent en progression arithmétique, s'écarte aussi de la nature surtout dans les régions élevées; elle fait la hauteur de l'atmosphère infinie, la force déviatrice décroît en raison inverse du carré de la distance au centre... etc., les réfractions horizontales sont *trop fortes*, et leur décroissement *trop rapide* : elle s'écarte donc de la réalité en sens contraire des précédentes. Dans cette constitution l'intégration pourrait se faire à la manière de Kramp, mais l'analyse de Laplace permet d'évaluer une limite du plus influent des termes négligés.

4° Puisqu'il faut une constitution intermédiaire entre les deux précédentes, on est conduit à interpoler une atmosphère fictive entre celles qui résultent de ces deux hypothèses. Ainsi Laplace se donne une loi des densités qui tient des deux précédentes en posant

$$\rho = \rho_1 e^{-\frac{u}{f'}} \left(1 + \frac{fu}{f'}\right) \ldots\ldots u = s - \alpha\left(1 - \frac{\rho}{\rho_1}\right).$$

Comme il y a deux constantes on peut plier l'atmosphère moyenne ainsi définie aux exigences de la réalité, en les déterminant de manière qu'elles soient satisfaites au moins pour les couches inférieures et pour la hauteur absolue de l'atmosphère, mais alors les réfractions voisines de l'horizon seraient un peu trop fortes, de sorte qu'il est encore préférable d'astreindre ces constantes à reproduire ces réfractions inférieures; c'est cette dernière manière que Laplace a suivie pour construire la formule qui a servi au calcul des tables françaises depuis 78° à 90^r, et elle nous semble loin de valoir la méthode de M. Ivory et surtout celle qu'a donnée M. Biot; les réfractions près de l'horizon paraissent trop fortes, et le décroissement initial des températures trop rapide.

Cette constitution intermédiaire est, à fort peu près, celle que M. Ivory avait adoptée, en la simplifiant dans son premier mémoire, et M. Biot a fait voir qu'on pouvait l'obtenir d'une manière plus simple et presque directe en remarquant que le décroissement des densités en progression géométrique donne la pression proportionnelle à la première puissance de la densité, tandis que le décroissement en suite arithmétique la donne proportionnelle au carré; car alors pour notre atmosphère interpolée on devra avoir $p = A\rho + B\rho^2$, et au moyen des constantes on pliera la relation à s'approprier aux exigences de la réalité, par exemple à reproduire la pression inférieure et le décroissemement initial des densités.

5° Quand on fait sortir $\cos\theta_1$ du radical dans l'expression de $d\theta_1$, et que l'on développe en série, on a, en négligeant les termes du 3me ordre par rapport à α, une expression qui s'intègre sans qu'il soit besoin d'aucune définition du milieu. La formule que Laplace a ainsi obtenue est exactement celle de Cassini, aux valeurs des constantes près. C'est cette formule préparée convenablement pour tenir compte des variations de pression et de température qui a fourni les nombres du bureau des longitudes depuis 0° à 78° du zénith.

16. *Remarques générales.* 1° Pour comprendre à quelle distance toutes ces méthodes, même les meilleures, doivent être placées de celle de M. Biot, il suffit de remarquer que dans toutes on admet l'uniformité de composition en gaz et en vapeur, l'invariabilité des constantes quand l'humidité, la température en

changent, et pour toute l'atmosphère des lois qui ne se plient même pas aux exigences les plus influentes des courbes inférieures ; de plus, il est impossible d'avoir égard dans leur usage, aux progrès de l'observation et d'obtenir une limite théorique de leur erreur. La confiance en leurs résultats ne peut venir qu'à posteriori et par une comparaison soutenue avec des observations bien faites, enfin leur accord avec ces dernières ou leurs écarts ne peuvent rien nous apprendre sur la constitution de l'atmosphère moyenne et sur les valeurs des éléments météorologiques qui interviennent dans les réfractions.

2° Quand un observateur se trouve à une certaine élévation au-dessus de la surface terrestre, il peut recevoir des rayons d'astres qui sont au-dessous de l'horizon. Pour un astre ainsi placé, θ_1 est plus grand que 90 ; mais la réfraction correspondante se ramène au cas d'une distance au zénith plus petite que 90° par deux règles fort simples et que l'on démontre sans peine.

3° Dans tout ce qui précède on a supposé la terre sphérique : il est possible de montrer qu'on pourrait à la rigueur tenir compte de sa figure réelle et de la différence des réfractions dans des azimuths différents, mais les corrections de cette nature sont tout à fait insensibles dès que la hauteur de l'astre atteint quelques degrés, et vers l'horizon elles sont masquées par des incertitudes d'un ordre bien supérieur.

4° Enfin la méthode de M. Biot fournit un moyen très-simple de déduire de l'observation même d'une seule réfraction le pouvoir réfringent de l'atmosphère moyenne réelle que l'on veut considérer.

Vu et approuvé la présente thèse d'astronomie,

Le 24 juillet 1843,

Le Doyen de la Faculté,

DUMAS.

Permis d'imprimer,

L'inspecteur général des études, chargé de l'administration de l'Académie de Paris,

ROUSSELLE.

PARIS. — IMPRIMERIE DE FAIN ET THUNOT,
IMPRIMEURS DE L'UNIVERSITÉ ROYALE DE FRANCE,
Rue Racine, 28, près de l'Odéon.

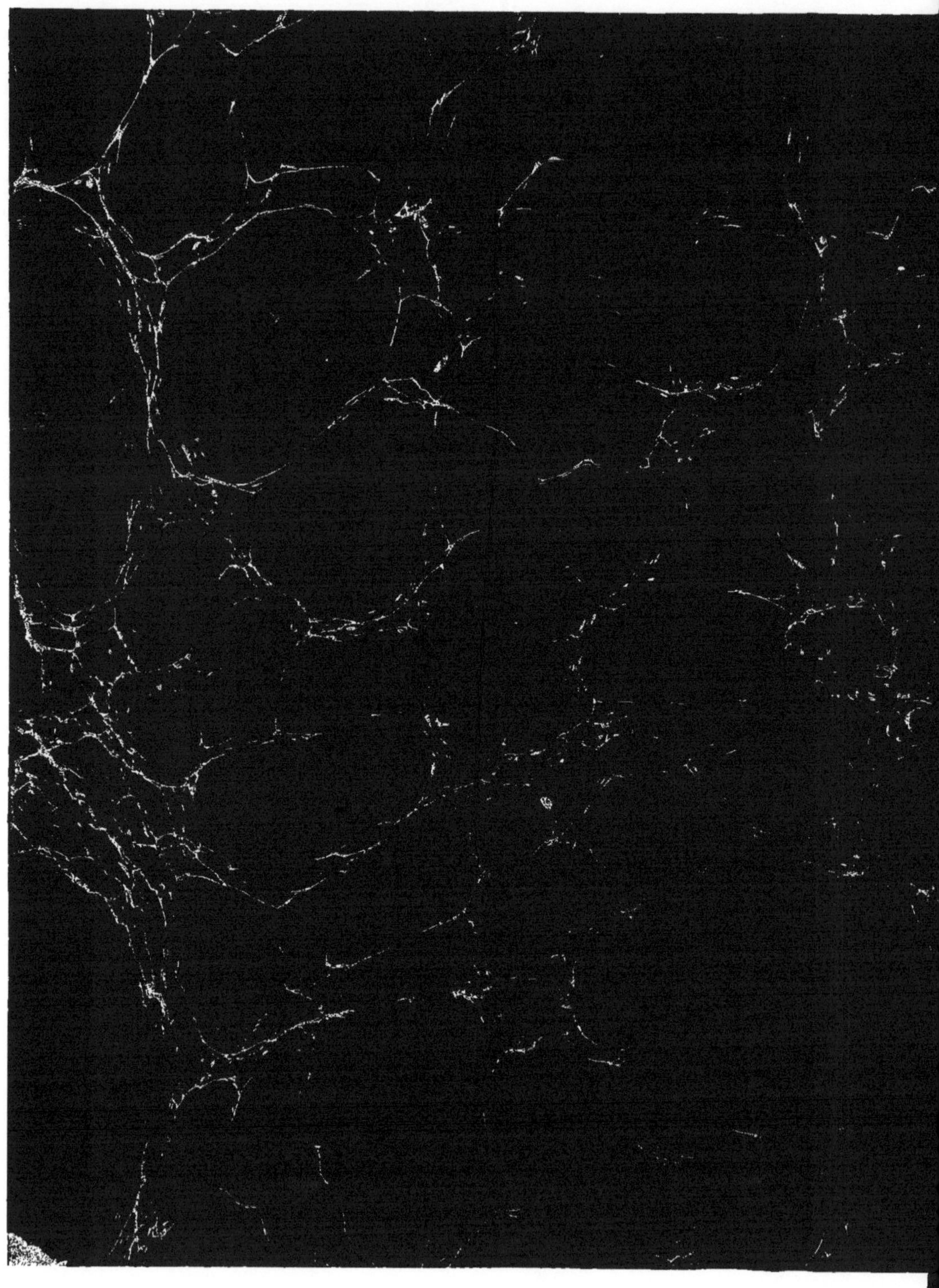

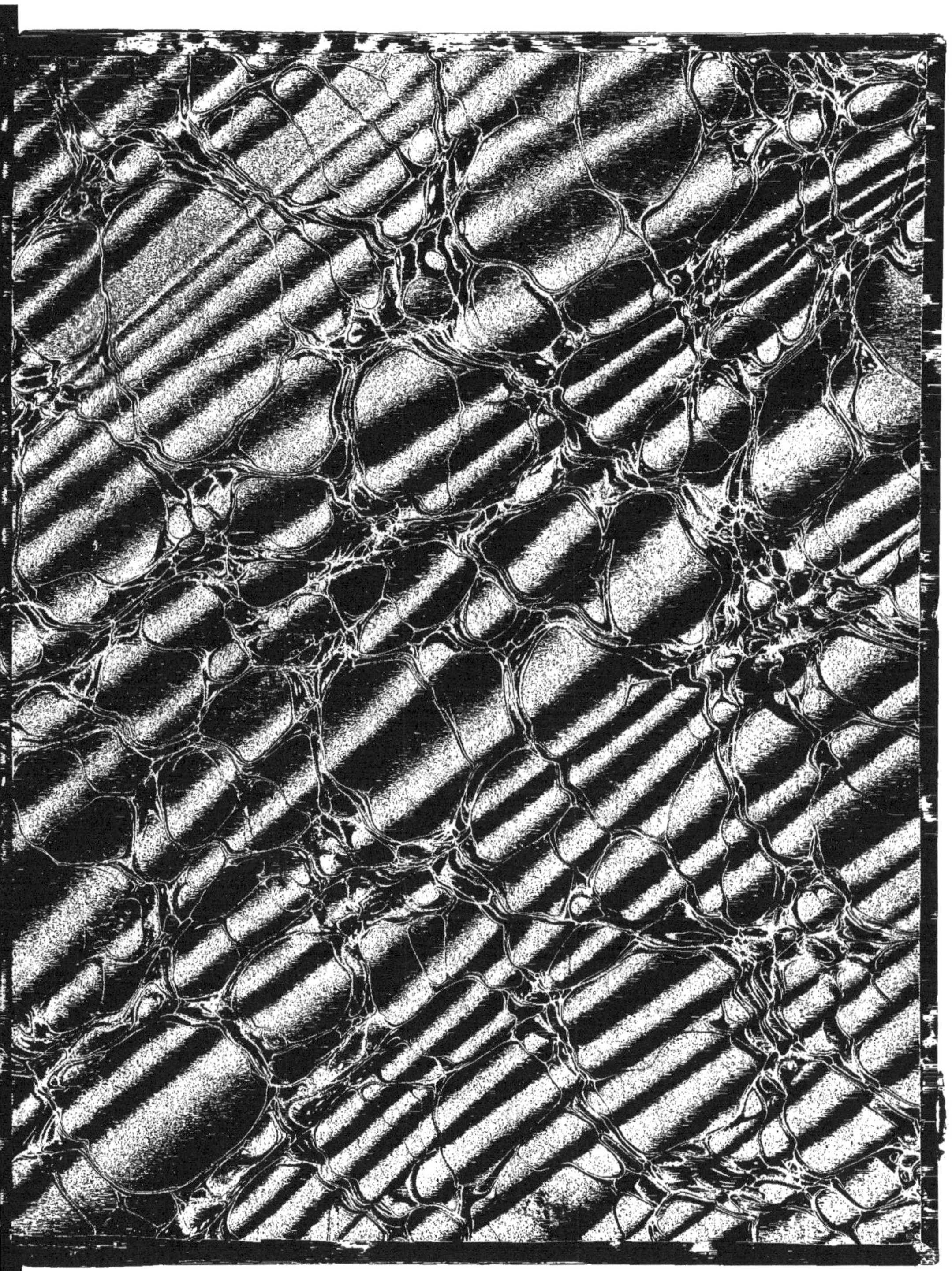

BIBLIOTHEQUE NATIONALE DE FRANCE
3 7531 03267598 6

www.ingramcontent.com/pod-product-compliance
Ingram Content Group UK Ltd.
Pitfield, Milton Keynes, MK11 3LW, UK
UKHW021148230726
13926UKWH00002B/990

9 782014 443783